努力，

苏丹 著

是你最美的姿态

中国华侨出版社
北京

图书在版编目（CIP）数据

努力，是你最美的姿态 / 苏丹著 . —北京：中国华侨出版社，2019.8

ISBN 978-7-5113-7945-0

Ⅰ.①努… Ⅱ.①苏… Ⅲ.①成功心理—通俗读物 Ⅳ.① B848.4-49

中国版本图书馆 CIP 数据核字（2019）第 156871 号

努力，是你最美的姿态

著　　者 / 苏　丹
责任编辑 / 王　委
责任校对 / 高晓华
经　　销 / 新华书店
开　　本 / 670 毫米 × 960 毫米　1/16　印张 / 15　字数 / 150 千字
印　　刷 / 三河市华润印刷有限公司
版　　次 / 2022 年 2 月第 1 版第 2 次印刷
书　　号 / ISBN 978-7-5113-7945-0
定　　价 / 42.00 元

中国华侨出版社　北京市朝阳区静安里 26 号通成达大厦 3 层　邮编：100028
法律顾问：陈鹰律师事务所
编辑部：（010）64443056　　64443979
发行部：（010）64443051　　传真：（010）64439708
网　址：www.oveaschin.com
E-mail：oveaschin@sina.com

前言

你是否曾经为一件事很努力地争取过、拼搏过？

如果你有过类似的经历，就会知道努力奋斗是一种酣畅淋漓的体验，其间也许痛苦也许曲折，但你知道你正走在正确的方向上，所有痛苦与曲折不过是最终目标的通关障碍，正因为有困境有不甘，当攀登上高峰时，内心才更畅快，结果才更有分量。

所以，当人们都在期待一帆风顺时，总会有人在渴望着阻碍重重；当有人选择安逸时，也定会有更多的人选择努力拼搏。因为安逸固然舒适，却是更为危险的堡垒，随时能将人置于无所适从的境地；阻碍固然是困境，却也是一种历练，是一次成长的机会，是内心丰盈与从容的养分。年轻的时候，跌跌撞撞，走些弯路，总可以一笑而过，因为还有可以矫正的时间与精力；年华逝去，再想挽回，就唯有一声叹息。然而，很多时候，我们却总是在走过很多执拗的弯路之后，才会明白其中的意义。

最怕你碌碌无为，还安慰自己平凡可贵；最怕你消极逃避，还相信现世安稳、岁月静好。很多人说，努力奋斗是疲惫的，但荒废人生带来的安逸感却并非更轻松，那是空虚的快乐，与偷来的短暂欢愉别无二致。没有人会比自己更清楚，这欢愉的背后是更长久的对未来的担忧与迷茫。与其如此，为何不让自己获得更踏实的幸福感呢？在年轻的时候，去闯、去拼、去体验，去发现一个热爱生活、有趣有魅力的自己，才能在眉目苍老时说一句：无悔。

这本书负责点醒你的惰性，在你想要逃避时将你拉回，以直面人生；在你想要放弃时，带给你方向和方法；在你徘徊迷茫时，给你以安慰和激励。没有人能随随便便成功，但只愿每一个日子，都不被浪费和辜负。努力拼搏的感觉，如此酣畅淋漓的体验，愿你我都能在这仅此一次的人生中拥有。

目　录
contents

PART - ❶
人生刚刚开始，别轻易就对未来下了定论

PART - ❷
努力奋斗的意义，只有尝试过才有资格说无用

PART - ❸
年轻可以一无所有，但绝不能一无是处

PART－❹
真正的勇敢，是见过生活的糟糕依然热爱

PART – ❶

人生刚刚开始，别轻易就对未来下了定论

你才二十几岁，为何心中已经失去对生活的兴趣？

你才二十几岁，为何口中所说都是对生活的不满与愤懑？

二十几岁，人生才刚刚开始，别轻易就对未来下了定论。

人生并不乏味，激情要靠自己创造，不正视生活的人无法理解它，不确定目标的人无法体会它，不勇于进取的人无法抓住它。

「 生活的本来面目不是麻木 」

大岚发现，一种"无激情"病毒正在蔓延。

打开朋友圈，不止一个人说："最近都没什么事情做，除了工作。"

打开QQ，一溜头像挂着"心好累""无聊"之类的签名。

打开微博，刷新一下，就会看到一堆无聊内容，透露着主人们的乏味。

把大家叫出来聚一聚，找点乐子。一群人坐在咖啡馆或酒吧，话题逐渐变成："明明忙得要死，却不知道自己在干什么。"

好吧，组织个活动吧，让大家娱乐一下。可是不论唱K、看电影还是踏青、烧烤，大家兴致都不高。不忍辜负发起人的热情，他们努力做出笑脸。

是不是只有谈恋爱才能让人精神点？也不行，恋爱几年，僵持不下，他的缺点她的毛病谁也改不了，相爱简单相处难，心累。

学点什么？学了有什么用呢？费时费力费钱费心血，没几天就忘了。

……

大岚哀叹，这哪里是生活？还是说生活就原本是这个样子？几年

前大家毕业的时候，意气风发的样子去了哪里？难道生活就是一个消磨
人的机器，首先磨去棱角，让人社会化；接着磨去激情，让人规规矩矩；
最后磨去所有理想，只做一颗社会机器上的螺丝钉？

这太可怕了，大岚想。她想尽快突破这种状况，治好这种疾病，可
是，究竟该做什么呢？想起来就犯懒。一不留神，她的状态就变成了：
"要做的事一大堆，什么也不想做，怎么办？"没一会儿，一堆赞，大
岚哭笑不得，将手机远远地扔了出去。

人为什么会无聊？要么因为没有事情做，要么因为做着不想做的事。

无聊似乎有传染性，一个人精神不振，整个团体跟着士气萎靡，偏
偏精神不振的人很多，找不到事情做的人更多。他们并不是游手好闲，
他们的工作时间不少，只是找不到价值，找不到寄托，找不到动力，找
不到激情，找不到当年的兴奋感，找不到曾经的新鲜劲儿。

最后，连目标都变得遥远不可见，他们不会去想"我为什么会这
样"，这个问题太无聊，他们宁可去想"人活着究竟为了什么"，当然不
会有好的答案。他们从曾经的雄心壮志到现在的无聊烦闷，前后不到
几年。

这是成熟吗？这是麻木。

麻木的人随处可见，只要你在一个人的社交软件或谈话中听到类似"心累""烦""什么也不想做"之类的话，他十有八九已经对生活或工作丧失了激情，每天只想着完成定量任务，完成游戏任务，再完成吃饭、刷牙、洗脸、睡觉任务，天天如此。这样的生活能不让人麻木吗？

也有人说，生活的本来面目就是如此，哪里会永远新鲜？激情过后，一切都会按部就班。这句话只对了一半。生活的本来面目是平淡，而不是麻木。平淡的生活像水，真水无香有滋味，时不时有涟漪，真正懂得生活的人从不抱怨无聊，他们会在这平淡的水域里享受与激情不一样的幸福。

麻木是另一回事。麻木者的生活没有滋味，像笨重的老式时钟，只会嘀嗒嘀嗒提醒人们时间在流逝，定时定点通知人们该做什么，偶尔还会出点问题。这样的生活当然就是很多人口中的"日复一日，年复一年，没有任何改变"，他们没有心情去享受，没有自信去突破，没有头脑去质疑，只能随着生命力不断流逝。

熟悉的环境、稳定的生活、程序性的工作、过于明确的关系，都会让人失去激情，甚至让人感到乏味，然而，你是否已经忘记，这些都是你曾经努力争取的呢？熟悉的环境给人带来舒适感，生活稳定让人有安全感，工作熟练保证了你的职位和未来，一段有把握的关系让你的心不再漂浮不定。这难道不是幸福吗？

懂得感恩，感谢自己手中所拥有的，会让失去激情的生活多一分鲜活。然后，你应该寻找自己更多的激情所在，让生活更加丰富。你的生活你做主，想要什么，就去争取！

「 激情因专注而产生 」

向往激情，不只因为它带来新鲜刺激的体验，还因为它能够形成一种凝聚力，让我们能把注意力百分之百集中在一件事物上，心无旁骛地为目标努力，甚至废寝忘食。这个时候，效率是最高的，头脑运转速度是最快的，得到的结果也是最好的。可以说，激情是成功的重要保证。

可是，激情很难持久，最初的新鲜劲过去后，我们就必须面对冗长的沉闷局面和单调的重复动作。我们最初的专注也在不知不觉间消失，我们开始懒散，开始拖沓，开始左顾右盼，寻找新的更有趣的事物。为什么很多人看上去兴趣颇广而心得全无？就是因为他们只在乎一时的新鲜，不愿面对之后的平淡，也因此，他们做事总是虎头蛇尾。

从心理学来解释，人们重视新鲜的东西，是因为大脑皮层形成的兴奋灶比较强烈，不易受其他兴奋灶干扰，因此，人会在此时变得专注，身体各方面协同努力，不易出错，效率较高；一旦新鲜儿劲丧失，兴奋灶变得微弱，其他兴奋灶的干扰增大，人就会三心二意，容易犯错误，

而且不容易完成任务。

    刘威从29岁那年开始从事人事资源，至今已有十年以上的HR经验，他看人奇准，亲自招聘、留下的员工，几乎没出过太大问题。他不但被老板器重，还有朋友邀请他组建猎头公司。刘威很满意就职公司的待遇，一口回绝。他最近的工作是培养人力资源部的新人。

    3月公司招新，刘威带着几个工作不到一年的新人组织招聘会、看简历、面试，他的主要任务是考察新人的工作能力，并传授经验。新人们工作热情高，一连几天都在高校搞招聘会，没人喊累，刘威也受到感染，很有干劲。他们每天忙完都累得腰酸背痛，拿着一堆简历在就近的饭店一边吃饭一边研究。

    小林眉飞色舞地说起今天遇到的一个毕业生，那人是一所名校的设计专业学生，谈吐有趣，爱好广泛，说起自己的经历，令小林咂舌，这个人不但美术底子好，还学过插花、茶道，是业余网球选手，登山爱好者，曾参加沙漠徒步行走，还加入过环保协会，高中时当过奥运会志愿者，写过诗歌小说……"我的爱好多，想法多，广告需要的就是新鲜有趣的想法，我想我能胜任贵公司的设计工作。"小林转述那个学生的原话，又加了一句："听听，说话都这么成熟！"

    "他有没有获过什么奖？"刘威问。

    "获奖？"小林愣了愣才说，"我看他也不像那种非要参加比赛的人，简历上也没有获奖经历。"

"那他的小说出名吗？"刘威问。

"他没说，应该不是很出名。不过，他又不是写小说的！"

"这个人不合适。"刘威说，"兴趣太广，凡事做不长。广告部的工作你们知道吧？按照客户的要求改设计，不知道要改多少遍，他肯定改两遍就腻了。我们挑的是合格的员工，不是这种兴趣型天才——我看他的天分也有限。"

小林不服气，又说了他们今天的谈话，证明那个学生多么有想法，刘威也不反对，"你可以给他个面试的机会，也可以让他试用，到时候自己看看。"

那个大学生很顺利地通过面试，开始试用。小林没事就找广告部的人打听新人的情况，听说新人工作认真，一连提了几个产品方案都得到了通过，他听了那叫一个高兴，他甚至想："刘经理也会看走眼，还是我的眼光好！"

没想到一个多月以后，这位新人的效率明显下降，工作热情不高，每天都显得很烦躁，三个月试用期还没到，主动走人了。小林急了，给新人打电话，新人还记得他，跟他解释说："林哥，我是个有很多想法的人，我的人生目标就是实现这些想法。我以为这家公司是一个很好的平台，没想到我进来以后，每天做的事就是改设计稿，我感觉我的脑细胞快要枯死了，我想我还是适合更有挑战性的工作，我决定去游戏公司试试。"末了，他还跟小林道了谢，感谢小林的照顾，礼貌又周到。

小林挂掉电话去找刘威，哭丧着脸说："刘经理，那个新人走了，和你说得一模一样！你怎么这么厉害！"刘威说："不给你个教训，你总是不服气啊。下次记住，别招那种没长性的人，工作啊，最需要的就是耐得住性子，才能做出成就。"

小林郁闷地点了点头。

马云说：创意是企业运营中一个很重要的一环，但它只是一环，不是所有，所以要把每项工作落实到实处。很多人觉得自己有很好的想法，却总是找不到实施的条件，最后只能落空。最重要的失败原因就是他们过于看重创意的激情，而忽略现实的各种环节，不愿跟进过程，不愿抠细节，更不愿修改创意完善计划。

这和做梦是一回事。梦最初都是美好的，有一个梦想，心花怒放，充满干劲，跳起来行动，一睁眼却发现现实还是那个现实，梦中的那个理想连影子都没有。"唉，可惜是做梦！"他们这样叹息着。有什么可惜的，你不去为了梦想一步步努力，就别想达到目标。有再好的想法，落不到实处都是做梦。

但你知道你也曾积极过，你曾想尝尝梦想变为现实的美妙滋味，你也曾没日没夜地在脑子里转同一个念头，你愿意为了目标加班加点，你调动了所有精力，你为每一次进步雀跃不已。后来，你可能失败了，可能遇到挫折放弃了，可能被其他事拖住了脚步，你没能得到想要的结果，你发现你再也不能像以前那样专注了。

人为什么会丧失专注力？最大的原因有两个，一是过分在乎结果，二是心态浮躁，总想着其他目标。这两个原因也可以归为一个——太贪心，总是想着所有事都如你所愿，合你心意，否则就不愿意做，宁可选择另一件，反正我们最不缺的就是轻率地选择。

所以我们看到，很多人涉猎广泛，但不精通；很多人计划很多，很少完成；很多人兴致勃勃，后续无力；很多人三心二意，一事无成……这世界每天都有人丧失激情，因为他们不知道专注的重要，不知道坚持的价值，不知道激情的生命力必须靠自己来延续。

想要专注，就要坚定目标，定下计划，按进度执行，更要紧的是排除一切干扰。干扰是专注的大敌，不论干扰物是一个人，一种游戏，一杯咖啡还是一个念头，只要它们出现，就立刻将它们拒之脑外，强迫自己只干一件事。将这个过程反复强化，直到它成为习惯，你会发现你的心态稳定了，举止稳重了，浮躁的念头越来越少，你的专注力回来了。

胡思乱想导致浮躁，不利于人的专注，更不利于激情的产生。胡思乱想没有目标，没有计划，让人陷入一大堆不切实际的选项中，耗费精力思考，却没有答案。因为那根本不是你的选择题！人的思想应该有个大方向，和自己的工作、生活、爱好有关的，优先考虑，其余的，不值得你浪费太多脑细胞。

要相信，生活，因浮躁而混乱；激情，因专注而产生。

「 不要轻易怀疑工作的意义 」

你听过田中耕一这个名字吗？

这个名字出现在 2002 年诺贝尔奖的获奖名单上，这个获得诺贝尔化学奖的日本人让学术界大吃一惊，教授们绞尽脑汁地搜索脑内的记忆，这究竟是个什么人呢？在高端的学术期刊上并没有看到过这个名字，日本有名的化学学者里并没有这个名字，谁都没有听过这样一个名字。他究竟是谁？

日本人也是一头雾水，学者们不知道他们有这样一个了不起的同仁，记者们根本没听过这样一个具有诺贝尔获奖资质的高手，从首相到平民，谁也不知道这样一个人物，这种情况太让人惊讶。只有京都市岛津制作所的员工们纳闷地想："莫非真是我们公司那个'怪人'？"

田中耕一是这所公司的一个"怪人"，他从不参加升职考试，为的是始终在科研第一线工作。他是一个非常普通的人，大学毕业，没有考过硕士和博士；为人拘谨，平日沉默寡言，少与人交往，更不要提参加什么学术会议；很少发表自己的研究成果，只想一心搞研究；与学术界没有任何联系，难怪谁也不认识他。

"对生物大分子的质谱分析法"是他与一位美国科学家的共同发明，获得诺贝尔化学奖后，他一夜成名，成了日本工薪阶层的偶像，也是全日本的榜样，人们惊叹于这样普通的、没有任何背景的人，也能得到诺贝尔的桂冠。田中耕一让人看到了生活、工作、努力的意义，许许多多人希望聆听他的经验。

但他们没有听到，田中耕一几乎推掉了所有采访，也没有出现在公共场合进行讲演，他继续做着自己的本职工作，他说自己只想做"一辈子工程师"，这谦虚而朴素的态度让人钦佩又感动。谁说平凡中没有伟大？所有伟大都在平凡中孕育！

你厌倦过自己的工作吗？你怀疑过自己工作的意义吗？不论是厌倦还是怀疑，都会带来激情的流失和积极性的减退，人们就在这个过程中丧失了动力。于是，工作成了日复一日的辛苦，生活成了年复一年的疲惫，人们已经忘记了工作和生活的意义，时不时想着"世界那么大，我要去看看"，但一个连工作意义都不知道，生活乐趣都找不出的人，能在外面的世界发现什么？

认清工作意义，劳动才有价值。太多的人将工作等同于工资，像等价交换那样，用劳动换取每个月的薪水，将每日的工作折合为房租、水电费、生活费。这种认识很容易产生计较，他们会说："拼死拼活就为那几个钱，何必呢！"于是，尽量少做一点吧，工资固定，少做就是占便宜；不用那么认真吧，再认真工资也不会变；想一点偷懒的办法吧，反正老板也看不到……这些想法不断滋生，有些变为现实，工作质量和效率也随之下降。

同样一份工作，在明白劳动意义的人眼中，完全不一样。不要以为他们会说一些"为了国家和社会工作"的大道理，不，喊这样口号的人并不多，大多数人把工作和自己的人生价值挂钩。得到一份工资只是基础，工作有更多的作用。

工作是学习的平台

在这个平台上，人们学习和事业、生活有关的一切，包括如何更好地钻研一门学问，如何更快地达到目标，如何更有效地与合作者沟通，如何处理工作与生活的关系，如何举一反三增加自己的优势。而所有努力又将成为平台的支柱，让它更高更牢固。

工作是未来的跳板

在这个跳板上，人们需要默默地积蓄力量。一开始，每个人都很普通，不停地犯错误。有些人渐渐成了熟练的工人，有些人却成了有创意的高手，区别就在于他们究竟如何对待这块跳板。前者害怕它的晃动而退缩，后者不断等待机会，时机一到，他们就会借助此时的跳板，到达更高的平台。

工作是事业，是生命的重心

围绕这个重心，人们改变着、进步着，甚至思维方式和生活习惯都被重塑。工作一旦变为事业，就代表了一个人的能力所能达到的成就，而成就决定了社会和他人对这个人的认可程度。所以，工作不能怠慢，不能轻视，不断从中挖掘乐趣，不断战胜困难，这个重心可以支撑人们的思想和生活，让人们始终保持积极向上的状态。

像田中耕一那样做一个普通员工，不必以诺贝尔为目标，只是单纯地认识到工作的意义，就能不断努力，不断克服平凡生活中的麻木想法，不断超越自己。当你回过神时，你会惊喜地发现自己已经走出很长一段路。任何人，都不要怀疑工作的意义，有一天它一定会告诉你意义究竟在哪里。

「 每天拿出一小时，创造你的奇迹 」

　　激情不是无理由燃烧的火焰，不是日常生活中突然降临的绚烂瞬间。激情其实需要长久的准备，需要一个坚实的平台，需要生活中的铺垫，它才可能常常光顾。人们总把激情看成火焰，其实，日常生活中的激情更像烛火，看着不大，却给你增加了情趣和希望。

　　有这样一个网站，名字很简单——一小时，很多人不知道它究竟是干什么的，还有人把它当成送餐网站，一小时之内就能把一份热乎乎的饭菜送到门口。其实它的主要目的是督促人们重视生活，发现乐趣，节约时间。它的口号是："每天拿出一小时，创造你的奇迹。"

　　奇迹是指什么？看看那些热门分享帖，你大致就能明白这个网站的意义。

　　有个白领突然想学习画画，她从未接触过油画，后来，她每天拿出一小时，对着教材摸索，对着景物写生，每天在网站提供的一小时 APP

上打卡，一年后，她已经大有进步，人们对她贴出来的油画赞不绝口。

有个职员一直抱有作家梦，但他上有老下有小一个月有一半时间在出差，根本没时间动笔。后来，他每天挤出一小时的时间写上几段。过程很艰辛，有时他抱着电脑在飞机上打字，有时他 11 点才回旅馆却还坚持写一小时，有时他不得不一边哄怀里的女儿一边敲键盘。一年后，他完成了一本小说，最近已经准备出版。

有个小老板的经历很有意思，过去，他每天忙得脚不沾地，连吃饭时间都被压缩，这给他的身体和情绪带来极大的负担，还让妻子女儿很不满。现在，他每天拿出一小时的时间陪伴家人，在这一小时内，他不谈生意，不打电话，一心一意和妻子聊天，陪女儿玩游戏，或者一家人牵着狗散步。他说他的身体也好了，脾气也好了，妻子和女儿对他非常满意。这位小老板被评选为"最让人羡慕的一小时"。

此外还有一天一小时学外语，一天一小时健身，一天一小时学乐器……一小时看似不长，一年的积累下来，却可以使人变个样。不过，也有人至今也没有太大进展，原因是他们太贪心了，有人既想学习一小时的古汉语，又想学习一小时的吉他，还想做一小时的手工，结果，业余时间都被这些计划塞满了，他们根本没有动力，什么都没学好。看来，人的确不能太贪心。

　　每个平凡的人都曾有颗不甘平凡的心，幻想过有一天，他们能遇到一件瞬间点燃激情的事物，从此一心一意，付出心血汗水，得到丰硕收获。这种情况的确存在，但少之又少，大部分人一辈子都不知道自己究竟适合做什么，有的人一直在尝试，有的人早早地放弃，说自己"认清了现实"，至于激情，当然就离他们越来越远。

　　大概因为我们把激情想得太过万能，它才迟迟不出现；也许因为我们把目标设定得太遥远，才始终走不到。或者，我们应该务实一点，先不去追求伟大事业，只希望自己更优秀；先不去寻找太多目标，只做好一件事；先不等待那传说中的激情，只在每一天燃烧一小撮火焰。就像一小时网站中的那些人，每天给自己留下一小时的激情时间，做一件能让自己自豪的事。

　　选择一个合适的目标不容易。看看别人的爱好，多么丰富，他们会极力表述自己从中得到的乐趣和取得的成绩，每一样都足以令你心动！看，有人成了业余小提琴手，在演奏会上穿着优雅的长裙拉上一曲；看，有人翻译了一本小说，还得到了原作者的亲笔信，多么让人羡慕；看，有人减掉了80斤肥肉，从一个肥胖宅男晋升为励志男神，今天又发了几张潇洒的照片；看，有些人研究微景观，做出了让人赞叹的艺术品，现在手头的订货单多得忙不过来……目标恰当，不只会带给你好心情，满意的成绩，还可能成为你改变生活的机会！

排除那些不适合你能力的，再排除你的经济状况不允许的，最好能根据你的实际需要找一个目标，这种选择能够增加你完成的概率。

每天一小时，听上去不难，做起来不简单。人们可以坚持一个礼拜，半个月，却未必能坚持半年一年。懒散心态首先出来作祟，怀疑心理不甘示弱地干扰你，许多娱乐招着手诱惑你，日常压力毫不犹豫地压向你，也许还会有别有用心的人泼你一桶冷水，想要坚持下来，非下大决心，花大力气不可。

想要放弃的时候，就尽量地激励自己，看看那些已经成功的人的事迹，想想他们的成绩，丰富的幻想也是一种动力。还要在其中发现乐趣，积累经验，最差也要夸一下自己的毅力。当时间超过 100 天，你会根本不忍心中断这个数字；当每天一小时已经成了习惯，即使有点麻木，也会因为惯性继续坚持；当你发现生活因此变化，你会惊喜不已；当你达到了目标，你体味到了胜利，你为自己骄傲！成功，才是真正的激情。

「 五个步骤制订一份计划，让目标不是空想 」

想要充满激情地生活，并不需要每一天都保持亢奋状态，那样的生活不仅无法持久，还会造成身心疲惫和神经负担。想要让生活始终保有激情，目标尤为重要。如果自我生活是个恒定沉闷的机器，目标就是发条，每一次为目标努力，都是拧发条，让整个生活有序运作起来。因为目标明确，这种运作也就杜绝了浪费时间，不会让你白忙一场。尽管很多人明白这个道理，却很少有人做到，也总会遇到各种各样的问题。

在制定目标的时候，有人已经乱了手脚，犯了好高骛远或妄自菲薄的错误；在完成目标的时候，因为缺乏周详的计划，时而奔跑时而懈怠，前者带来疲惫后者带来懒惰，全都耽误了进度；因为对目标风险没有明确的认识，出了问题手忙脚乱甚至放弃；因为对目标结果存在过多的幻想，在实践中一一落空，结果失去了冲劲，导致目标落空……一个目标从制定到完成，需要考虑太多的因素，所以，目标不是简单的口号。

那么，该如何确定目标，实行计划？我们可以将一个富有激情的想法拆分为五个步骤，当你决定执行的那一刻，它就不再是空想。只要你一步步完成它，成功率极高。选择一个短期内能达到的目标，来进行你的目标实验吧。

列出目标

不论这个目标是工作上的某个任务，还是生活中某件必须完成的事，或者爱好上的某种进阶，以及你突然想要学习 / 了解 / 体验的某件事物，将它写下来。注意，一定要找一个有一定难度又不超过你的能力范围的目标。

限定日期

规定起始日期和完成日期，一定要用准确的年月日，而不是笼统的"大约半个月""十天左右"，这些约数会让你缺乏时间概念，进而影响效率。日期的确定，会把时间明确在某个区间内，逼迫你每一天都检查进度，避免拖延。记住，限定日期是效率的保证。

制订计划

写出完成目标的具体步骤，例如每一天要做什么，每一天完成多少。在这个设想阶段，不论想到什么都可以记录下来，不断扩充。不要草率地写一张纸条，计划值得你花费几个钟头，一步一步完善。你在计划上用的时间多一些，实际执行过程中，就会省去很多不必要的思考时间。

评估风险

一定要想到执行中可能遇到的困难，把它们列举出来，并制定妥善的应对方案。都说计划没有变化快，很多计划都由于突来的意外而流产，所以，不要把条条框框卡得太死，要预留一些空间和时间，让风险能转圜，千万不要什么都不想直接上手，那样最容易自乱阵脚。

列举回报

这是最让人激动的环节，也是最重要的激励手段。将达到目标后的回报写下来，你会干劲加倍。特别是在执行过程中一点点得到回报的感觉，非常令人回味。不过，不要把回报想得太美好，因为有幻灭的可能。既要有梦想，又要客观。

此外，害怕自己中途懈怠，就找个信任的人监督，监督和计划表是双重压力；觉得厌烦的时候，就多看几遍回报部分，支撑自己坚持下去；事情结束后，不论结果如何，都要总结一下经验，思考下次如何做得更好。多完成几个短期目标，你就会熟练地掌握目标计划的关键，你的人生从此也会井然有序，不失激情。

「 将喜欢变成一种持之以恒的生活方式 」

　　2007 年，一个 29 岁的美国青年约翰·马卢夫在拍卖会上看到一个箱子，箱子里面有一堆黑白底片，将近十万张，还有两万张幻灯片和一些胶片。马卢夫用 400 美元买下了这些东西，他只是抱着看一看的心理，并没有对这个普普通通的箱子抱有太多幻想。

　　但是，当他不断看着冲洗出来的照片时，他有一种震撼的感觉。这些黑白照片拍摄自几十年前，拍摄地点是芝加哥，他看到了芝加哥的公园，看到了电车上的情侣，看到了街边的小孩，看到了那时的天空、房屋、花草、人物、生活……

　　这种巨大的感染力显然不是一个普通摄影师能够达到的。很显然，摄影师有极高的天赋，擅于构图，也擅于捕捉平凡生活中闪亮的一瞬间。更多的照片被冲洗出来，马卢夫也在照片的影响下买了摄影器材和摄影教材，当他试图拍摄照片时，他发现摄影并不简单，他又一次确定箱子的拥有者是个摄影天才。

他开始在网络上发布这些震撼人心的照片，网友们也被感动了。如今，摄影器材不断更新换代，发烧友层出不穷，这样的好照片却不多，何况，这些只是用最简单的相机拍摄的黑白照片！所有人都有这样的疑问：这些照片究竟是哪位大师的作品？

"大师"的身份渐渐清晰，她叫薇薇安·迈尔，生于1926年，于2009年去世。她不是摄影师，是一个保姆。休息的时候，她喜欢拿着她的照相机在芝加哥街头游走，拍摄那些她感兴趣的画面。她没有认识到自己的艺术天赋，这些只是她的爱好。照片并没有给她带来任何收益，贫穷的她为了支付房租，才卖掉那一箱子底片。

一个平凡得不能再平凡的女人，从未把照片展示给他人，甚至自己也没有看过所有的照片。但能说她什么都没有得到吗？她在不断寻找、拍摄的过程中，发掘着生活的美，记录了城市的历史。如今，薇薇安·迈尔这个名字成了一个传奇，也成了公认的伟大摄影师，她的故事已经被每一个美国人熟知，她让人们突然意识到，一种持之以恒的生活方式，是多么有意义。

将自己的爱好坚持下去，究竟能得到什么？能得到金钱吗？也许能也许不能，至少薇薇安并没有得到。能得到名声吗？也许能也许不能，很多大师在死后才声名鹊起，根本不知道自己有多大名气。能得到他人的崇拜吗？也许能也许不能，就算是名人，也不是所有人都知道、都崇拜……如果你的爱好只是想得到这些，失败概率会很大。

爱好的价值在于人生的丰盈。它让你生活中的很多个瞬间都是充实的、有颜色的；它让你积极，让你主动，让你快乐；它代表生命的激情，让你在平淡的人生中，建一个自己的心灵乐园，在那里充分领略自己的才能。在这个乐园里，你是唯一的主人，你的领土还会不断扩大。

这才是爱好的意义，它既然起源于一个人对某种事物的兴趣，就必然是内向的，自我的，而且是非功利的。当薇薇安拿着相机走在芝加哥街头，寻找一个好的拍摄角度，看到一位漂亮或有趣的模特，捕捉到一个生意盎然的场景，她比街头的任何一个人都要开心。尽管摄影没有给她带来境遇上的改变，却让她的心灵始终充满活力。

很多缺乏激情的人都没有真正的爱好，他们曾尽量去尝试，想找一个打发时间的娱乐项目，可是，没有什么能吸引他们，他们也浅尝辄止，不肯深入了解。这种停滞有两方面的原因，一来他们并没有找到真正适合他们的爱好；二来他们不肯深入，还没有发现事物的真正乐趣所在。所以，人们必须不断尝试，才能找到真正适合自己的爱好。甚至，最初不那么喜爱的东西，长期接触后，才发现它已成为生活难舍难分的一部分。

  坚持爱好并非容易的事，或许，我们应该事先正确理解，爱好并非能获得所有人的理解，并非能取得成就被所有人称颂，自己的付出也许没有任何褒奖，人们甚至会怀疑它的价值，爱好可能会给我们带来许许多多志同道合的朋友，也可能让我们更加孤独。但请别轻易怀疑与放弃，只要自己喜欢的，就值得坚持下去。

  爱好倘若脱离了坚持，就不是真正的爱好。当你发现一件事物强烈地吸引你，当你已经把它纳入自己的生活，就告诉自己一定要坚持下去。随着爱好的深入，它会在不同阶段为你点燃不同的激情，你会发现生活因一个爱好而多姿多彩，你会庆幸你认识了这件事物，你的生命也将因它而不同。

「 尝试不同事物，别将自己困在一方小天地 」

古人提倡"读万卷书，行万里路"，多出去走走，多体味那些不同的风土人情，多尝试自己从未见过的事物，唯有如此，才不会在一方小小天地里变成一个书呆子，才能吸收新鲜的知识、保证思维的活跃，也才能保证生活的激情。

所以，勇于尝试是保持激情的好办法，看到什么事，想要试一下，想要问一问，这种好奇心就是激情的引信。如果能把好奇心上升为行动，你得到的将不只是好奇心的满足，还有整个生活的充实。

"见过羽毛状的沙漠吗？"

美国青年普纳在推特上发表的一组照片，让他的朋友们惊喜不已。这个假期，普纳一个人跑到了遥远的罗布泊，他拍下了奇特的羽毛状沙漠，科学家还在研究这种沙漠的成因，普纳只想和朋友们分享这一奇观。这不是普纳第一次分享沙漠照片，他还曾经拍过蜂窝状沙漠、梯田状沙漠。不要以为他只是个沙漠爱好者，他还喜欢峡谷和瀑布，他拍摄的峡谷照片还曾经刊登在地理杂志上。

没错，普纳是个旅行兼摄影爱好者。这两个爱好几乎改变了他的人生。从前，他是个非常平凡的青年，读着普通的大学，学着不感兴趣的专业，每天和身边的朋友一样上课、娱乐。偶然一次，他被拉去墨西哥参加徒步旅游，从此爱上了这种休闲方式。

他突然开始认真学习，不旷课，认真地准备每一门考试，为的是拿到丰厚的奖学金，买他想买的摄影设备；他的业余时间也不再是流连聚会或逛街，而是频繁地出入旅游爱好者聚集的咖啡馆。从前他是一个只爱随大流的盲从者，现在他成了一个组织者，有时在网络上发起同城摄影交流活动，有时干脆组织二十几个人包了大巴，一起出去旅游。

普纳以前不善言辞，但旅游途中需要交流，需要与队友们合作，作为组织者更需要沟通能力，他迅速地提高了自己的沟通水平，就连他自己也想不到，他可以和英国的农民侃侃而谈，可以在中国西部城市连比带画地买东西，可以在墨西哥和当地人一起聚会联欢，他说，倘若没有他的爱好，他一辈子都不知道自己竟能做这么多事。

越来越多的人羡慕普纳的生活，佩服他能够按照自己的愿望做想做的事。对此，普纳不以为然，他认为每一个人都可以生活在激情中，保持快乐的状态，关键在于他们究竟有没有这个愿望，有没有决心为了自己的愿望，做那些从前不敢、不愿做的事。

尝试带来激情。围绕一次尝试，你必须提高自己的能力，必须应付从前应付不了的困难，当大目标确定后，你会乐意做出一些改变，你会发现之前认为做不到的事其实没那么难，你甚至会庆幸自己试过了，不然就不可能知道自己的能力究竟有多少。尝试，保持生命的热情，每个人都应该做一个尝试者。

尝试未必能带来收获，有时甚至会让你费时费力白忙一场，别人说你瞎忙，你自己都会觉得太浪费时间。但是，失败同样有意义，失败能够让你正视自身的缺点，能够让你得到丰富的经验。而且，不论尝试什么，只要用心，你都会深刻地了解某一事物，积累了知识，丰富了阅历，至少，这件事会成为有趣的谈资，当你和别人说起自己曾做过这样一件事，你得到的不会是嘲笑，而是他人的惊讶，他们会饶有兴致地问："你竟然做过这种事，真不可思议！能说得详细一点吗？"可以说，勇于尝试的人从来不缺少谈资。

可惜，现代人的思维里有太多"价值论"，想要做一件事时，他们会不断问自己："做这件事有什么用？""能够给我带来什么好处？""会浪费我多少时间？""成功率有多少？""是否得不偿失？""这样做有意义吗？"想得多了，事物丧失了吸引力，人们变得兴致缺缺，再也提不起劲儿，一次很好的激情就这样被价值论扼杀，人们带着惋惜，庆幸自己做出了"明智的"选择。

看，扼杀激情的最大因素，并不是担心能力不足而引起的胆小，也不是担心经验不够而引发的畏缩，而是我们头脑里给自己定下的各种限制。不能耽误时间，不能浪费精力，做自己该做的事吧，这才是一个成年人的规矩——可是，该做的事究竟是什么？按部就班地工作？安安稳稳地生活？尽量避免意外？少做不靠谱的尝试？

可是，正是因为每天都在做这些事，我们才会失去激情，才会缺乏动力，才会抱怨无聊，才会觉得生活琐碎不堪。我们该做的事，难道就是守着没有活力的规矩一直到老？多么矛盾的现实，这就是我们应该接受的吗？

相信你也不愿意一直维持这个状态，那么何不像普纳一样，给自己找一个新鲜刺激的爱好，在未知领域享受探索的乐趣？就算你去了沙漠，只要有心，也能在沙漠里发现一片有趣的天地！当心中有目标时，你的情绪和精力会被充分调动，你会觉得每一天都是新的！

所以，别再抱怨生活缺乏激情，现在开始就去寻找那个点燃你的引信。暂时找不到也不要紧，多尝试那些新鲜的事物，多看看身边的朋友在尝试什么，从他们那里得到灵感。不论是旅行还是研究，是养花还是养动物，是接受艺术陶冶还是接受自然熏陶，你尝试的越多，就越会发现激情无处不在！

「 想摆脱消极，先告别犹豫 」

很多事，我们并不是不知道该如何做，但我们犹豫了。

想有好的身材，我们知道在哪里有一个不错的健身房，什么样的运动能练出人鱼线，什么样的跑鞋和运动服符合自己的喜好，什么样的食谱能够降低脂肪的摄入，什么时间最适合健身……我们知道关于减肥健身的一切信息，却始终没有开始。

想要让自己有健康的饮食，我们知道应该买什么牌子的锅具，什么牌子的刀具经久耐用，哪一个食谱软件评价最高，什么样的油健康……对厨房，我们并非一无所知，却始终没有动手去做第一道菜。

想成为一个学识渊博的人，于是买了很多书，打折时候囤了一堆大部头，朋友推荐时也毫不犹豫地下单，看着书架渐渐充实有一种成就感。但是，大多数的书，我们甚至没有翻开第一页。

想要捡起外语重新学习，做了计划，买了教材，下了一堆美剧做辅助，手机里装了单词软件，结果也就看看剧，单词始终没开始背，这样的事一次次发生。

想找个优秀的人谈一场高质量的恋爱，最后走进婚姻结伴过完这一生。但却不去提升自己的形象，不去多多接触优秀的异性，对工作也没精打采，好不容易换了个造型，很快又觉得自己在瞎折腾，终于把爱情当成了求不得的梦想。

在犹豫之中，我们错过了多少美好的东西？我们一次次后悔，倘若没有犹豫，我们会考进更好的大学进入更好的公司；我们会有更美的形象更丰富的生活；我们会有更好的心态更顺利的人生。然后我们又否定了自己，告诉自己即使努力了也未必会有结果，自己只是个普通人，也只能做个普通人。

犹豫是消极的伴侣，它发生的时候，我们明明有很多机会；它结束的时候，我们已经被消极所笼罩，对现状束手无策。一旦它成了思维习惯，也就成了我们再也摆脱不了的阴影，它会在每一个需要果断、需要行动的紧要关头，轻飘飘地在脑海里说："真的要这样做吗？""再考虑一下吧。""你好像做不到。""失败了很难看哦。"于是我们的脚步停止了，又一次机会擦肩而过，留下一声叹息。

人为什么会犹豫？因为恐惧，一切犹豫行为，都能看到恐惧的影子。

有人喜欢幻想，迟迟不肯行动，在幻想中把美梦做了个遍，得到虚幻的满足。就是因为幻想太美，现实太残酷，他们害怕一旦行动，就会连虚幻的满足都没有。

有人不断谈论自己想做的事，不断查阅资料，制订计划，却不敢开始，害怕资料没有用，自己没有能力，害怕现实逼迫自己看到自身无能的那一面。

有人做事迟迟不肯加快速度，总是害怕失败，害怕失败带来的自责和嘲笑，所以畏惧决定，恨不得有人替他做个决定。

有人干脆说："为了不确定的结果浪费时间，不值得。"多么冠冕堂皇的借口，几乎掩饰了内心的犹豫，他们怕别人看穿自己的怯懦。

犹豫的人必然消极，常常两头落空，因为他们始终无法把双脚踏到实处，确定自己的方向。想要告别消极，首先告别犹豫。面临选择，不要瞻前顾后，选择自己喜欢的那个。当你告别犹豫的生活，开始为目标努力，你会发现选择并不可怕，你要面对的也不过是"做到了"和"没做到"两种结果。不论哪种，都会让你有所收获，好过"没去做"。

PART – ❷

努力奋斗的意义，只有尝试过才有资格说无用

你想要成为怎样的人，就要付出相应的努力。

一无所有不是人生停滞不前的借口，而应该是奋发向上的理由。

与其等明天流下悔恨的泪水，不如挥洒汗水拼搏今日的荣耀。

「 年轻时，总以为时间还很多 」

　　每年的毕业季，毕业生们为实习和找工作奔走，老师们殷殷嘱托："上班后千万不要浪费时间，多学点东西。"这句老生常谈的话，被小雷当作耳边风。哪一个学生不是从小就听不同的老师这么唠叨，不要浪费时间，时间最宝贵，以后后悔就晚了，等等。多数人和小雷一样，忙着自己认为重要的事，谁也不肯多听听老师们的教诲。再过几年，在职场空耗了许多时间，学到的并不多，受的累并不少，才开始检讨自己的人生究竟出现了什么样的偏差，才开始回忆起老师们的金玉良言。

　　幼儿园的时候把老师的话当作耳边风，小学还可以努力；

　　小学时候不理解老师的话，中学还可以拼搏；

　　中学不理会老师的教诲，大学至少能懂事点，有点压力；

　　大学还对这样的话不甚了了，工作后受到打击，总会知道轻重；

　　工作了还是不懂"努力"的含义，还在空耗青春，还在原地踏步，一切就真的晚了。

　　这是小雷工作几年来得到的最大教训，他渐渐发现记忆力不如以前，体力不如以前，不能跟着年轻人一起加班，不能不顾及自己的身体，眼看就要有家庭，会有更多事情牵扯精力……青春那么短，很快就会离开；时间并不多，用一点少一点。

到了这个时候，小雷才开始后悔以前没有仔细听老师的话。好在，他及时止损，换了一份有挑战性自己又喜欢的工作，不断充电，不懂就问，终于"赶了个青春的尾巴，算是做出了点成绩"。他经常劝自己身边不够努力的朋友和同事，千万不要把大好时间浪费在娱乐上，趁着青春，人生要尽量拼搏，不然"我们就老了"。

我们的青春很短，我们的时间也不多。每个人都明白这样的道理，可是多数人依然在各式各样的借口下，沉溺在所谓的休息、娱乐、享受之中，究其原因，他们对自己有一种奇怪的"纵容"，既然工作已经很累了，理应娱乐一下，做一点自己喜欢的事，"人要对自己好一点"是他们的口头禅。

但他们"好"了吗？完全没有。

生活的"好"有三个阶段。

物质基础牢固是第一个阶段，有牢靠的保险和工资，能够保证正常的花销，有一笔存款保证自己不会被突来的意外打乱阵脚，再有一点闲钱投资或娱乐，这是生活的基础。

提高自己的品位和素质是第二个阶段，不断充电，培养高雅的业余爱好，交见识广博的朋友，给自己的生活增添光彩，这是生活的提升。

修养自己的身心是第三个阶段，学着在浮躁的世界保持宁静的心态，与生活和谐相处，不以物喜，不以己悲，这是生活的最高境界。

这样的生活才称得上"好""很好""非常好"。

以这种标准，那些连工作都没做好却要娱乐、休息、"对自己好一点"的人，物质基础就成了一大问题，工作不专心前途也堪忧，又怎么会真的"好"？暂时的沉迷只是麻醉了自己，营造了一种轻松自在的假象，没有基础、没有后盾、没有真正的心灵承受力，一点风吹雨打，就能让现在的生活面目全非。

年轻不是懒惰的理由，更不能因为时间还多，就放任自己沉浸在虚无的满足之中，忘记了努力的重要。年轻人才最应该趁着精力充沛、趁着斗志昂扬，去争分夺秒，去达到自己的目标。等到了中年，再想要拼搏，恐怕心有余力不足；到了老年，更是只剩对挥霍青春的悔恨，再也没有机会重来一次。

想要对自己好一点，就要告诉自己：别玩了，别懒了，别做梦了，
快点努力吧！

「 别在该努力的时候，输给懒惰 」

许多人都忽略了积少才可以成多的道理，一心只想一鸣惊人。等到忽然有一天，看见比自己起步晚的人，比自己天资愚钝的人，都已经有了可观的收获，才惊觉自己在虚妄的等待中错过了努力的机会。

这个世界上确实有天才，但没有人说天才是可以不努力的。世人眼中的哈佛是世界最高学府，能进哈佛的学生一定天赋异禀，可是哈佛的校训中就告诫人们只有勤奋才能有所收获。

爱因斯坦曾说过：人的差异在于业余时间。每人每天工作的时间都是 8 个小时，付出的也都差不多，获得的回报也差不多，但要想改变自己的人生，让自己与别人不一样，那么就必须利用业余时间，谁的业余时间用在学习上的越多，那么他获得成功的概率就越大。

1903 年，在纽约的数学学会上，一位名叫科尔的数学家成功地解答了一道数学世界难题。在人们的惊诧和赞许声中，有一个人向科尔恭维道："科尔先生，你是我见过最有智慧的人。"

科尔笑了笑，回答道："我不是最有智慧的，我只是比你们更勤奋罢了。"

听到了科尔如此回答，那个人很疑惑。科尔说："你知道我论证这个课题花了多少时间吗？"

那个人说："一个礼拜。"科尔摇了摇头。

"一个月？"科尔还是摇了摇头。

那个人见到科尔否定，很吃惊地问："我的天啊，不会是一年吧！"

科尔笑了笑，回答："先生，你错了，不是一年，而是三年内的全部星期天。"

一分耕耘一分收获的道理是永远不会变的。人人都希望有捷径，能够付出最少的努力获得最大的收益，事实上这是不可能的事情。人生是一个累积的过程，重在拼搏，无论是谁，终点都是死亡，这是没有差别的。重要的是你的过程要怎样度过，想着每天享受，那么最终定会因为之前的享受而懊悔。一开始就习惯于拼搏的人，最终会陶醉在这个过程中，到老时说不定还能写下一本厚厚的回忆录来记录自己精彩的人生。

据说哈佛大学的图书馆昼夜都开放，即便凌晨 4 点也会有很多人在那里学习。在他们看来，一生实在太过短暂，想要知道更多的真理，就需要付出更多的努力，利用每一分每一秒。没有人应该浑浑噩噩地过日子，所有人都应该为了更好的生活而奋斗，可以是物质生活，也可以是一种精神境界，无论是哪一种，都需要你遏制懒惰的因子，这样才能为自己创造出一个别样的世界。

「 思维惰性比行为惰性更可怕 」

　　行为上的懒惰，让人错失良机，陷入被动。而思维上的懒惰，让我们变得故步自封，冥顽不化。所以，每个人要克服的懒惰不仅仅是行动上的，还包括惰性思维。

　　如果具体地来解释这个名词，那么惰性思维可以被理解为人类思维深处存在的一种保守的力量。拥有惰性思维的人，总是用老眼光来看新问题。他们懒得接受新思想，总是喜欢抱着过去不放，用曾经被证明有效的旧概念去解释变化世界的新现象。

　　在生活的旅途中，我们如果总是按照一种既定的模式运行，固然会显得很轻松。但是长此以往，就会衍生出消极厌世、疲沓乏味之感。所以说，惰性思维让生活更加乏味。更为可悲的是，如果走不出思维定式，我们往往走不出宿命般的可悲结局。

　　一家马戏团突然失火，人们四处逃窜，所幸没有人员伤亡。但令马戏团老板伤心和不解的是：那只值钱的大象却被活活地烧死了。

"这怎么可能呢？拴住大象的仅仅是一条细绳和一根小木桩啊！"老板怎么也想不通。

通常，没有表演节目时，马戏团人员会用一条绳子绑住大象的右后腿，然后拴在一根插在地上的小木桩上，以避免大象逃跑。我们都知道以大象的力量，甚至可以一脚踏死动物。为什么它面临危险却乖乖地站在那里呢？

原来，当这头小象被捕捉时，马戏团害怕它会逃跑，便以铁链锁住它的腿，然后绑在一棵大树上。每当小象企图离开时，它的腿总是被铁链勒得疼痛、流血。经过无数次的尝试后，小象的脑海中形成了一旦有绳子绑在它的腿上，就永远无法逃脱的思维定式。因此，当它长大后，虽然绑在它腿上的只是一条小绳子或一根小木桩，但它却懒得再去挣脱了。

对于大象而言，惰性思维让它忘记挣脱束缚，最后被大火活活烧死。生活中的我们又何尝不是在重复着这样不自知的悲剧呢？若是不肯改变固有的惰性思维，习惯拖沓，那么不肯努力的你，也许就会如同那头大象一般，浪费了自己原本的才能，耽误了自己更好的发展。

想要克服惰性思维，就必要先了解惰性思维的几种表现形式。如果一个人有以下三种表现，大致就可以断定他陷入了惰性思维的怪圈。

第一是只把精力投入表面。

透过现象看本质，把对表面的感性认识上升到对本质理解的理性认识。这个道理其实我们大家都懂的，然而事实上我们却又总是习惯于被表象所迷惑，甚至一再地重复犯错。

有句成语叫"碌碌无为"，我们忙忙碌碌却无所作为！很多时候很多人，总是一副忙得不可开交的样子，然而一旦让他们细细回想一下，却又会茫然于其忙的意义所在。总把过多的感情与精力投入了外在的表象，而忽视甚至无视事物的本质。

第二是总在想当然。

我们总是习惯于将"我想应该是这样的"来作为搪塞我们进一步思索的借口，而懒于进一步地去思考。这也一次次地导致了我们与一个个机会失之交臂。

其实很多事情，和我们以为的是不一样的。就像那只井底之蛙所以为的天只有井口那么大一样，所有的"想当然"不过都是人们主观臆想的产物，而现实终究是客观的。

第三最可怕，是不寄予希望。

"与其还要跌倒，不如不再爬起。"总有些人如此消极地感叹。

曾有人做过这样一个实验：将一条鲨鱼和一群热带鱼放在同一个池子里，然后用钢化玻璃隔开。最初，鲨鱼每天都不断冲撞那块透明的玻璃，奈何这只是徒劳，始终无法游到对面去，而实验人员每天都会放一些鲫鱼在池子里，所以鲨鱼也没缺少猎物，只是它仍想到对面去，每天仍是不断地冲撞那块玻璃，它试了每个角落，每次都是用尽全力，但每次也总是弄得伤痕累累，有好几次都弄得身体破裂出血。这种情况持续了好长一段日子，每当玻璃一出现裂痕，实验人员则马上加上一块更厚的玻璃。

后来，鲨鱼不再冲撞那块玻璃，对那些斑斓的热带鱼也不再在意，好像它们只是墙上会动的壁画，它开始等着每天固定会出现的鲫鱼，然后用它敏捷的本能进行狩猎，好像又找回了在海里时那不可一世的凶狠霸气。

实验到了最后的阶段，实验人员将玻璃取走，但鲨鱼却没有反应，每天仍是在固定的区域游着，它不但对那些热带鱼视若无睹，甚至于当它的美餐——那些鲫鱼逃到对面去，它也会立刻放弃追逐，怎样也不愿再过去。

很多人就像这条鲨鱼，经过一段时间的努力没有达到预期的目标，便会不再寄予希望，宁愿选择放弃，也不愿意再次进行尝试。这种人多是遭受过巨大的打击，或是长期地被外界否定，对自身的能力产生怀疑，过低地评价了自我，丧失了追求希望的热情，进而变得消极、懈怠。

明天的困难并不可怕，不愿面对明天才是真正的可怕。什么都想拖到以后，却又被未来的险阻所吓倒，时间在前进，你却在倒退。有人说，阻止人们生活前行的不是路上的大石头，而是自己鞋里的小石子，而这颗小石子就是惰性思维。让我们行动起来，搬走心中的那块石头吧，它没有你想象的那么沉重。

「 独立是一切成长的开始 」

人们不仅有生存的本能，还有关于人生的思考和情感。比起那些依靠本能而活的动物，人的欲望要多得多，但并不是每个人都能够凭借自己的能力满足欲望。遇到这种情况，很多人或者抱怨命运的不公，或者在想自己的能力不够，接下来，他们便将这种自觉难以实现的愿望寄托于命运和他人身上。

依赖是一种习惯：在难过的时候，总渴望有人能够安慰自己；在脆弱的时候，总希望有人能够拉自己一把。确实，当人生遇到困难，难免会向他人寻求帮助，然而，这种依赖不过是一时的依靠，并不能成为你的一种活法。

在诞生之初，人就是独立的个体，人会自己思考，可以独立奋斗。这世上或许有一种你必须面对的孤独——没有人能够一直陪伴你、帮助你，有些路你必须一个人走，有些事你必须自己做。而且，我们有手有脚，不比别人差在哪里，为什么要将希望寄托于他人呢？为什么不以一种宽大的胸怀坦荡地活着？在烦恼压身的时候，不想着别人来拯救自己，而首先想到自救，自己为自己搭起求生的阶梯。只有这样，我们才能为自己找到一个出口，而只有成为一个名副其实的、真正掌握自己命运的舵手，拥有他人无法夺走的才能，自己的未来才会有希望。

在《聪明的笨蛋》一书中，讲到了作者从小是不被老师看重的孩子，就连他长大之后，还曾经两次被公司领导辞退，令他甚感疑惑的是，为何他如此努力，却仍旧是一个笨蛋。

他也曾经为此否定过自己，在内心做过激烈的挣扎，并且在那个时候，他甚至还被别人称为"精神病"。然而，他内心深处始终有一个声音在呐喊——靠自己坚持下去。正是凭借这样的信念，面对失败，他一次次坚强地撑过去了，其间确实遇见了几位不错的老师，并且在妻子的鼓励下，他最终如愿取得了心理学博士学位。

在他54岁那年，他终于理解了"学习障碍"这个名词，知道了他之所以承受如此多苦难的缘由，后来他还以自身受苦的经历给予了身边很多人帮助。

十足的信心和顽强的毅力，是一股巨大的能量。故事中的人正是凭借这股力量克服各种障碍，当然这不是别人所能给予的，靠谁都不如靠自己。

当感到生活有负于我们的时候，如果我们选择逃避，将自己囚禁在自认为安全的大"网"里，那样就意味着我们已经迷失了自己，离"真我"也会越来越远。要知道，从我们诞生日起到离开这个人世，有一个一直陪伴在我们左右、最为可怕的敌人——自己。只有不断超越自我、挑战自我，才能逐渐强化薄弱的意志力，强化我们的神经。

泰戈尔曾经说过：顺境也好，逆境也好，人生就是一场面对种种困难无尽无休的斗争，一场敌众我寡的战斗。只有笑到最后的，才是真正的胜利者。可以说，在信念的驱使下，在拼搏精神的照耀下，就没有跨不过去的山，迈不过去的坎儿。人是脆弱的，但没有我们想象的那样脆弱，培养抗压能力的关键在于你是否敢于去抗压。遇到困难时，将别人的帮助当作最后的而非首要策略，你就会慢慢培养成独立解决困难的习惯。

依靠别人生存的人，最终只会消磨自己，让自己的能力每况愈下。人的能力是锻炼出来的，只有懂得奋斗，敢于奋斗，才能成为生活的强者，成为别人能够依靠而不是依靠别人的人。

「 向内挖掘自己的深度潜能 」

一个人能力的极限在哪里？恐怕这个问题没人能回答上来，因为人们有着一种特殊的能力——潜能。它是我们的，但并不完全属于我们。为什么这样说呢？举个例子好了，潜能就像是自家土地下深埋的金子，虽然它在自家地下，但不去挖掘，这种东西就不能说是属于你的。

看看周围的人吧，有多少人总是抱怨自己不堪重负。其实这些人不是不能承受这些压力，而是不想去面对。谁又能说自己完全没有压力呢？那些少数坚持下去而成功的人并非他们天赋异禀，说到底，是因为他们始终坚持不断尝试改变自己，深入开发自己的潜能。

曾有新闻报道，有个孩子情急之下为了救母搬动了汽车，这在众人看来简直不可思议，但奇迹就这样发生了，因为在关键时刻，男孩渴求救母的欲望化成了一种无坚不摧的力量。每个人都有可能创造奇迹，只要你敢于拼搏。

　　小山真美子是日本札幌市的一位年轻妈妈，她天生身材矮小。一天，她正在楼下晒衣服，突然看到自己4岁的儿子从8层的家里掉了下来，马上就要跌落在地上。

　　见状，小山真美子飞快地奔过去，赶在孩子落地之前将孩子接在了怀里，结果，她和儿子只受了一点轻伤。

　　该则消息很快就在《读卖新闻》上发表，日本盛田俱乐部的一位法籍田径教练布雷默对此非常感兴趣。这是由于他按照报纸上刊出的示意图，仔细计算了一下，从20米外的地方跑过来接住从25.6米的高处落下的物体，一个人必须跑出约每秒9.65米的速度才能到达，就是在短跑比赛中，这个速度也是没有人可以达到的！

　　后来，布雷默就专门为这件事找到了小山真美子，问她那天是怎样跑得那么快的。小山真美子回答道："是对孩子的爱，因为我不能看着他受到伤害！"于是，布雷默得出了一个结论：实际上，人的潜力是没有极限的，只要你拥有一个足够强烈的动机就能将潜能挖掘出来！

　　回到法国以后，布雷默专门成立了一家"小山田径俱乐部"，以此激励运动员要很好地突破自我。最终，布雷默手下的一位名叫沃勒的运动员在世界田径锦标赛上获得了800米比赛冠军。

　　当媒体的记者争抢着问及如何在强手如林的比赛中夺冠的时候，沃勒轻松地回答道："小山真美子的故事一直激励着我，因此在比赛的时候，我就始终想着，我就是小山真美子，我飞奔着是要去救孩子！"

小山真美子能创造短跑速度的奇迹，凭借的是她在瞬间爆发出来的潜力，而沃勒之所以能够夺冠，是因为她受到了小山真美子救子的激励，也将自己体内的潜能挖掘了出来。如此看来，每个人都具有潜能，它就像一座大"金矿"，蕴藏着无穷的力量和动力。如果我们要想获得事业上的成功，肯用积极的心态将潜能发掘和利用起来，它一定会助我们一臂之力。

一般情况下，有不少人都认为，他人做不到的事情，自己也一定做不到。于是，就会习惯性地安于现状，决不会主动去改变现状，这样一来，潜能自然就得不到开发，并且，最可怕的是，它还会随着我们年龄的增长而慢慢退化。

曾有专业人士调查研究，得出了这样的结论："凡是普通人，其实只开发了蕴藏在自己身上十分之一的潜能，可以说，每个人不过都处于半醒着的状态。"是啊，我们的身体就如同一个宝库，潜能就蕴藏于其中，只是因为我们都未接受过相关的潜能训练，所以，我们的潜能就不能很好地发挥出来。一旦将我们身上的潜能挖掘出来，在我们的一生中就能够起到"点石成金"的重要作用。

在现实生活中，也只有那些勇于挑战，具有强烈的进取心之人，才能将潜能挖掘出来，从而取得辉煌的成就。

大家一定熟知班·费德雯，他在保险销售行业里，真可谓一位杰出人物。

他在连续数年达到了每月 10 万美元的销售业绩，并成为大家所追求的、卓越超群的百万圆桌协会会员。

他在约 50 年内，平均每年都达到了将近 300 万美元的销售额。除此之外，他的单件保单销售曾做到了 2500 万美元，甚至一个年度就超过了一亿美元的业绩。曾经有过数字统计，在他的一生当中，他共销售出去数十亿美元的保单，高于整个美国百分之八十的保险公司销售总额。

可以说，在销售保险的历史上，没有任何一个业务员能够超越他，然而，他实现的这一切，却是在他家方圆 40 里内，有 1.7 万人，一个叫作"东利物浦"的小镇上创造出来的。

在谈到自己的成功时，费德雯不无感慨地说："我之所以能够获得成功，是因为我有一颗强烈的进取心。而那些对自己的生活方式与工作方式完全满意的人，他们却陷入了一种常规。如果这些人既无任何鞭策力，也没有进取心，那么，他们也只能在原地徘徊。"

安东尼·罗宾曾经这样说过：并非大多数人命里注定不能成为爱因斯坦式的人物，任何一个平凡的人，只要发挥出足够的潜能，都可以成就一番惊天动地的伟业。可以说，发挥潜能的程度是由自己的勤奋度决定的，凡是积极进取的人，就能深度挖掘自己的潜能，凡是消极懈怠的人，任何事情都会抱以"得过且过"的态度，潜能自然就得不到开发和利用。

20世纪的科学巨匠爱因斯坦，在他逝世以后，科学家们便开始研究他的大脑，最终得出了这样的结论：无论是从哪个方面衡量，爱因斯坦的大脑都和常人的一样，并没有什么特殊性。其实，这就说明了一个问题，爱因斯坦之所以能够取得常人不能取得的成功，关键就在于，他超乎常人的那份勤奋和努力。

所以说，不管我们处于人生中的哪个高峰和哪个低谷，都不要陷入满是怀疑、否定的沼泽地里，而是要以积极的心态将潜能挖掘出来，无穷的潜能会是帮助我们创造人生奇迹的坚定基石。

「 被嘲笑的梦想也会让你闪闪发光 」

一个人可以被剥夺财富，剥夺健康，甚至剥夺自由，但是永远无法被剥夺的就是梦想。梦想是没有高低贵贱之分的，任何人都能拥有自己的梦想，都有为自己的梦想付出努力的权利。农夫梦想着自己家的母鸡一天下两个蛋，国王则梦想着让周围的国家臣服。虽然梦想不同，但有梦想的人都是可敬的，因为那是完全属于自己的财富。

在实现梦想的过程中，可能并不会一切都十分的如意，可能会面临着意想不到的挫折和困难。但在这种困难和挫折面前，人并不是按照背景和地位被加以区分，而是看一个人选择的是坚持还是放弃。

被现实撞弯了腰不可怕，可怕的是那根支撑自己的脊梁已经折断。只有屡败屡战，斗志才会一次比一次更强大；愈战愈勇，信心就会一次比一次更坚定。

很多人都看过电影《光荣之路》，这部电影讲述的是篮球教练哈金斯到一支成绩很差的球队执教的故事。哈金斯是一个具有坚强意志的人，他决心在 NCAA（National Collegiate Athletic Association，全国大学体育协会）里面闯出名堂，而且他的思想非常开明，他并不以肤色区分天才，在他的篮球队里，需要的只是胜利。

因此，哈金斯从校园中招收了一群非常有篮球天分的黑人学生作为自己球队的核心，开始了他艰苦的光荣之路。在最初的时候，这些球员不知道职业篮球和街头篮球的区别，而哈金斯总是不断地用梦想激励着他们不断前行。

在经过一段系统的训练以后，教练哈金斯坚定的信心感染了球队里的每一个人，这支混合了黑人先发的球队一路披荆斩棘，最终闯进了决赛。最后在马里兰大学著名的 Cole Field House 击败白人先发的肯塔基队，获得了 1966 NCAA 篮球比赛总冠军。这场比赛的结果成为美国体育史上最重要的几个事件之一。它不仅捍卫了黑人的尊严，更具有划时代的意义，因为它使得美国大学篮球正式进入了黑白共存的时代。

这并不是一个虚构的故事，而是美国篮球史上的真实事件。这一事件从某种程度上可以说是重新定义了篮球这项运动，而推动这一切的力量就源自梦想。因为有梦想，教练才愿意接手一支上赛季只取得寥寥数场胜利的球队，也正是因为有梦想，在街头打球的黑人愿意承受大量的训练和众人的白眼，并最终在决赛中让白人运动员选择了服从教练指挥……

过后去看这些人的故事，总会觉得结局是注定好的，但是在故事发生的时候，谁也不敢保证结果，保证哈金斯的梦想一定会成功。但是他坚持了，他知道梦想对每个人都是公平的，只要付出努力，任何小人物都有成为大人物的可能。

梦想不需要成本，但追梦需要，这种本钱并不都是先天具有的，更多的来自拼搏所得。一个人若是什么都不肯付出，那么梦想再小也绝无实现的可能；反过来说，若是向着目标不断努力，即便开始时一无所有，最终也一定能够守得云开见月明。

在梦想的照耀下，平凡的人生也会绽放出别样的光彩。在没有人为你欢呼的时候，就自己为自己加油；在没有人理解的时候，就自己做自己最坚强的后盾。在挫折与困难面前，不要忘记最初的理想，更不要忘记自己最初的样子，本就一无所有，失去也没什么可惜，但拼搏总会比放弃得到的更多。

「 有些事现在不做，一辈子都没机会 」

世界上有很多概念都是互相矛盾的，而有时我们会陷入这种两难的抉择当中。很多时候，选择的结果很难以对错来评价，只能说，你的每个选择都会改变你的人生。

两个少年在厕所中相遇，其中一个男孩找另外一个戴帽子的男孩借了点手纸。出了厕所之后，为表感谢，借手纸的男孩给戴帽子的男孩点了一支烟。两个人边走边聊。

戴帽子的男孩说："我最近很郁闷，家里人一直逼着我学钢琴，可我怎么也弹不好。"

借手纸的男孩说："钢琴，一点都不难！我5岁就开始弹了，可烦恼的是家里人总逼着我写诗，天啊，我怎么写得出来？"

戴帽子的男孩一听，笑着从包里拿出了一沓稿纸，说："这个给你吧！拿回去交差。我最喜欢写诗。"

你一定猜不到，那个不爱学琴的男孩，正是大诗人歌德；而那个不爱写诗的男孩，则是音乐家莫扎特。他们面临的选择显而易见，那就是自己的梦想和家人的期待。若是你，你会怎样选？选择他人的期待在大部分人眼中都是最保险的做法，不会冒风险，因为那些对你有所期待的人总比自己多些经验，至少是站在客观的角度来看待自己的。可是哪一种成功不需要冒险呢？若是歌德弹琴，莫扎特写诗，那么他们就永远成为不了轰动世界的伟人，因为他们的选择违背了自己的内心。

人做自己喜欢、想做的事，才能快乐。或许，在此过程中会遭到周围人或周围环境的阻碍，但我们不该就此轻易地放弃自己的意愿，有些事一拖延，可能就是一辈子。

日本最年轻的临终关怀主治医师大津秀一，在多年行医的经验基础上，在亲自听闻并目睹过 1000 例病患者的临终遗憾后，写下《临终前会后悔的 25 件事》一书。其中，有很多条都涉及"没有做自己"，比如——没做自己想做的事；被感情左右度过一生；没有去想去的地方旅行；没有表明自己的真实意愿，等等。

说到底，人之所以会做保守的选择，是因为怕失去，但想想看，我们离开这个世界的时候为什么会后悔？因为我们什么也带不走，若是曾经追求了梦想，那最终至少还有回忆，而不是悔恨。人生重在体验，而不是手里有什么。你若是真的爱自己，就该为自己的梦想而拼搏，不留

任何遗憾。

小时候，她不喜欢跳舞，可在父母的严厉要求下，她还是硬着头皮学了。这一跳，就是15年。

高考时，她想报考旅游英语，在家人的强烈反对下，她还是听了母亲的话，上了一所护士学校。后来，在市区的一家医院做了一名护士。

工作后，她交了一个军官男友，父亲却不同意。抵抗不过父亲的百般阻挠，她最终还是妥协了，在亲戚的介绍下，和一个医生结婚了。

结婚后，她和丈夫本来有自己的一套房子，可公婆非要他们搬过去一起住。她知道婆婆是个挑剔的人，本不想住在一起，怕生出什么矛盾，自己不开心，也惹得婆婆生气。可经不住老公的劝说，她还是强颜欢笑地和公婆住到了一起。

在别人眼里，她是幸福的。多才多艺，样貌出众，嫁了一个家境好的老公，还有公婆帮忙料理家务……这样的生活，多少人求之不得。可是，她内心的苦楚又有谁知道？

30岁生日的那个深夜，她想到自己过去的这些年里，似乎每一次重要的决定，都是别人替自己拿主意。这人生，仿佛不是她自己的。那个做义工行走世界的梦想，那个曾在雨中为她撑伞的恋人，一切的一切，都成了无法触摸的梦……她背对着丈夫，流下了一行行眼泪。在咸咸的泪水中，她突然做了一个重要的决定：换一种活法，做自己想做的事，去自己想去的地方。

略萨曾说：我敢肯定的是，作家从内心深处感到写作是他经历过的最美好的事情，因为对作家来说，写作是最好的生活方式。因为喜欢，所以快乐，沉醉其中乐此不疲，金钱和名誉，都是可有可无的附加值。若是束缚太多，无法做自己想做的事，久而久之一定会身心疲惫、无所适从。这个时候，应该学会让自己换一种活法，保持淡定，不为他人的言语和决定而改变自己的意愿，人生自会惬意无比。

我们总会听到有人抱怨，如果当初怎样怎样，现在就能如何如何。可是，时间的大门一旦关闭就不可能再开启，人生就是一场单程的旅途，没有回头的路。生活太累，太多遗憾，就是因为给了自己太多束缚，不敢打破规则，追求最初的梦想。学会把自己的感觉叫醒，敞开心胸，放下种种担心和顾虑，勇敢地向着梦想前进，无论别人如何看，你都可以过得很快乐，因为这才是你真正想要的，才是真正属于你的人生，属于你的幸福。

趁着自己还没有麻木，赶紧去看看自己最初的梦想吧，若你不去闯，那么它就是你一辈子的遗憾；若是去做了，那么梦想自会照进现实。人生太短暂，有些事情现在不做，就再也没有机会了。问问自己的心，去爱自己真正爱的人，去做自己想做的事，走向最期待的未来。

「 人生没有彩排，每一天都是现场直播 」

"人生没有彩排，每一天都是现场直播。"这是少年作家吴子尤的母亲柳红女士在儿子去世后的一次电视栏目中所说的最后一句话。

的确，人生每天都是现场直播，没有排练的机会，也没有谁能一直站在原地等着我们。所以我们在人生路上要时时保持行动，同时，也要珍惜现在拥有的一切，走好眼下的每一步，勇敢并谨慎于每一个开始。及时抓住能把握住的美好，生活才会无怨无悔。

吴子尤，一位才华横溢的少年作家，与李敖是忘年之交。然而却在小小年纪横遭厄运，但直到生命的最后时刻，他依然如前，一直笑对人生。

2004年，因为胸腔纵隔肿瘤压迫神经住院治疗，手术后不幸失去了造血功能。从此，14岁的子尤开始了一场与病魔的持久战。经历了一次大手术、两次胸穿、三次骨穿、四次化疗、五次转院、六次病危，却以超乎常人的乐观心态过着自己的花样年华。在 2005 年 9 月，一本记录他 8 岁到 15 岁成长过程的作品集《谁的青春有我狂》出版。

"青春是属于我的，标记着我激情的一月一年。人说青春是红波浪，那就翻滚着绘出最美的一线。眼前只有柄孤独的桨，握在手中就是把战斗的剑。我在这里写着刚有开头的小说，每过完一天就翻过一页；每翻过一页，又是新的一天。为什么我依然热爱考验？因为别人让天空主宰自己的颜色，我用自己的颜色画天。"

最终，写下上面这首如歌诗句的作者，于 2006 年 10 月 22 日去世。

事隔许久，子尤的母亲柳红女士在一次电视栏目中被邀为嘉宾。其间，朗诵了这样的一篇文章——《珍惜生命》。

那是 2005 年 8 月的最后一天，在北京大学百年讲堂的开学典礼上，子尤从轮椅上起身，向他所在的中学校友讲了一番话。结尾时，他用力而深情地说："要珍惜呀。"我知道他说的是珍惜生命的意思。那时候我们在生死线上，可是他依然有他的追求和向往；兴致勃勃地走在他自己的道路上。他对我说，我每一秒钟都和上一秒钟不一样；他总结自己的生活是一路快乐美好。他说，是舒服，是享受；他还说，我活得欣喜若狂。

我和子尤经历疾病和死亡的日子是一个理解和实践珍惜生命的过程，我们懂得了珍惜生命就要珍惜生命的价值，尽其所能做有意义的事情。有意义的事，可大可小，可多可少。做，一定比不做好；多做，一定比少做好；今天做，一定比明天做好；持久地做，一定比半途而废好。

我们通常认为，人生如台历，撕去旧页，新页展开；每天如彩排，今天过去，还有明天；一遍不满意，可以再来。其实昨天已成为过去，明天尚且未知；当下稍纵即逝，不复重来。如果把每一天都当作生命的末日来过，我们会更加珍惜更有意义的人生。

而什么是有意义的人生呢？这真是需要我们沉下心来好好想一想的问题。人们常常忽视自己的内心、身体、亲人和孩子的想法。不注意春夏秋冬花开草长，不注意音乐旋律的升降变化。特殊的人生际遇使我有机会接触了很多癌症患者，每一位走近生命尽头的人，都想再看一次星星，再凝视一次海洋。而多少住在海边附近的人，他们却懒得看一眼。每天晚上有多少人会仰望星空？谁又真正用心去品尝、触摸生命，去感受平凡事物中的不平凡？

以前我也浑然无知、不加思索，直到变故降临，彻底改变了我的生活，才开始思索。我从中学到了很多很多，我学会了享受过程，而不是结果。我愿意告诉人们，看看田野里的百合花，摸摸婴儿耳朵上的绒毛，在庭院的阳光下阅读，与朋友分享你的喜怒哀乐。真的，人生没有彩排，每一天都是现场直播。

的确，人生每天都是现场直播，没有排练的机会，也没有谁能一直站在原地等着我们。就如台湾作家林清玄的散文中所讲：生命最有趣的部分，正是它没有剧本，没有彩排，不能重来。人生而偶然，死亦必然。我们登上生命的舞台，与自己的肉体相逢于人间，这便是一种缘分。

人生中没有那么多的"如果"，这一次过去了，下一次也就不一定会有。就像世界著名艺术家们每一次上台前都如履薄冰，努力练习，务求在观众面前呈现的是最完美的一面。那是因为他们深知，每一场演出都是全新的一次，也是重要甚至是唯一的一次。

如此，我们便要有抓住这一次的决心，以及无怨无悔的气魄。当然，仅有这些还不够，我们要谨慎前行，虽然有时难免会做出一些后悔的事，这无可避免，但我们若是能保持小心谨慎，那么失误的概率就会大大下降，这样我们才能迈出无悔的步伐。

青春不再重来，爱亦不会重来，生命更是没有重新来过的机会。眼前有的景，我们要去看；手里有的福，我们要去享。生活中有很多简单的平淡，如水扬清波，如风过疏林，但每一个却都是心头的日子，潜着香，藏着甜，是我们自己真正活过的一天。

PART – ❸

年轻可以一无所有，但绝不能一无是处

你可以一无所有，但不能一无是处。

一无所有往往是迫于无奈，终有一天能通过自己的努力和奋斗走出困境。

但一无是处却是你的选择，充分反映了你的懒惰与无能。

「 所谓运气好，不过是时刻准备着 」

我们身边总有人这样感叹："好好的一个机会就这样白白地错过了。"当听到这种感叹的时候，人们无不感到惋惜。机会何其珍贵！有时我们等待的不过是临门一脚，机会稍纵即逝，一闪而过，没有把握住就只能悔恨叹息。

不过，错失机会并不是最遗憾的，最让我们感到惋惜的是机会来临了，我们也完全可以抓住，但是却没有做好准备。眼看着东风已到，很多该做的准备却没有做完，我们只能眼看着手中的机会被浪费掉，这才是最让人懊悔的。

哈佛大学的校训这样写道：时刻准备着，当机会来临时你就成功了。如果总想着等待机会，却忘了在等待的过程中充实自己，那么当机会来临时，我们往往手忙脚乱，整体的步调都乱了，更谈不上成功。这也正是大部分人无法成功的原因。

　　综观那些成功人士，你或许要感叹他们的幸运，机会到时一把抓住，然后就跃上了人生的巅峰，但事实上，在这个机会到来之前，他们已经积蓄了足够的力量。

　　机会只会留给有准备的人，一无是处的人是没有能力抓住机会的。对于懒惰者来说，机会越大，也只能让他们越发感到无奈和无所适从，因为他们没有能力去把握机会；只有那些坚持不懈充实自己的人，才是真正能抓住机会的人，他们离成功的距离也更近。人不是靠偶尔撞在木桩上的兔子才获得成功，通常我们所说的命运的转折点，是与自身能力密不可分的。如麦克阿瑟将军所说：召集军队上战场的军号声对于军人来说，就是一种机会。但是，这嘹亮的军号声，绝不会使军人勇敢起来，也不会帮助他们赢得战争，机会还得靠他们自己来把握。

　　对于机会的把握，一方面，要学会厚积薄发，在机会来临之前，坚守着自己的信念，为实现目标踏踏实实地努力，不断充实自己、完善自己，做好充分的准备；另一方面，机会的把握还需要一定的魄力和耐心，好机会往往不是一朝一夕就能实现的，没有真正的雄心壮志和持之以恒的精神，有再大再好的机会也会半途而废。

　　第二次工业革命是人类进步的一次转折点，很多新科学新技术层出不穷，人们需要越来越多的能源来提供动力。而当时有一种新兴能源——石油，还没有引起人们的足够重视。

这时候谁能发现机会并把握机会，就能成为那个时代的幸运儿。约翰·洛克菲勒以他超常的洞察力，发现这是一个不可多得的机会，如果马上行动，将来一定会大有可为。

洛克菲勒立即找到一个合伙人，塞缪尔·安德鲁，曾经是洛克菲勒的同事。他非常聪明，而且技术水平非常高，他发明了一种新型炼油加工方法，用这种方法可以炼制出优质的石油，并且成本控制得比较低。

生意做得越来越好，由于他们生产的石油质优价廉，在市场上非常具有竞争力，没用多长时间，洛克菲勒就淘到了第一桶金。此时的洛克菲勒已经打开了通往成功与财富的大门，他正满怀信心地向目标前进。就在这时，他的合作者塞缪尔·安德鲁已经满足于眼前的一点点成绩，逐渐失去了开拓的雄心，从心底滋生出来的惰性使他不想进一步改进石油的冶炼工艺，他变得懒惰和贪图享乐，终于有一天，他向洛克菲勒表示，希望终止合作关系。

作为补偿，洛克菲勒毫不犹豫地给了他100万美元。合伙人走了，拿着钱去奢侈地度日，不思进取地挥霍了。而洛克菲勒立即找到了一位新的合伙人，他们很快就将石油冶炼工艺升级换代，逐渐把一个小小的冶炼厂，打造成一个世界级的超级公司——美孚石油公司。

同样的机会摆在洛克菲勒和第一个合伙人的面前，他们都有可能在那样一个伟大的时代做出一番伟大的事业，如此看来，机会对每个人都是公平的。然而对于同样的机会，他们二人的理解却完全不同，付诸实施的行动也不尽相同，因此，合伙人错过了机会，洛克菲勒抓住了机会，如此看来，机会好像又是不公平的。

我们每天脚踏实地地工作，从每一次进步中总结经验，从每一次失败中总结教训，为的就是实现人生的理想。当我们的积累和经验达到一定程度的时候，机会往往会不请自来，这时候把握机会就是一件顺理成章的事情，就算机会没有及时赶到，那么凭借我们积累到的那些智慧，也足以支撑我们去寻找机会、把握机会，实现自己的终极目标。

所以，不要一味地抱怨机会不光顾，或是它来得不是时候，多充实自己，你才能从一无所有的状态中脱离出来。人生的路那么长，过去的已经失去，不要留恋，踏踏实实地走好当下的每一步，积蓄力量，等待下一次机会的光顾。

「 学之一字，一生的修行 」

身为年轻人，有一句话我们不会陌生：活到老，学到老。这句话的意思就是，无论我们身处何种境地，都必须不断地学习。无论是刚刚走出校门的毕业生，还是已经磨炼了一段时间的职场人士，为了不断提高自己的竞争力，都要去进一步学习。就像一台电脑，必须不断更新升级，版本落后的软件必然会被用户淘汰。

我们生来就像是一个裸机，什么配置都没有，但是在日后，我们会通过学习不断充实自己。先天条件我们无法改变，对此我们可以说上天没有给我们好的条件。但若是经过漫长的一段时间后你仍在原地踏步，那么你就该反思自己了。因为在这段时间，你没有为自己注入新的东西。

现如今，我们的社会正在向学习型社会转型，这对传统的学习观、工作方式、生活方式都产生着重大的影响。无论你身处哪个年龄阶层，学习能力都是不可或缺的，面对时刻改变的大环境，唯有不断随之更新自己，才能保证不被淘汰！所以，不管你生活怎样繁忙，已经获得了怎样的成绩，都要记得时刻充实自己。

学习是每个人一生的必修课，没有人可以例外。尤其是在工作中，我们更应该主动去学习，这样才能在竞争激烈的环境中胜出，取得优异的成绩。就如日本四大商圣之一的本田宗一郎，他的成功，就在于不断提升自己。

尚未发迹前的本田宗一郎，曾在一家自行车修理厂做学徒工。他勤奋好学，很快就开了一家属于自己的自行车修理店。一晃八年过去了，他的自行车修理店越来越大，不过他并没有沉溺于享受，而是开始了新的学习。

为了提高自己的竞争力，本田宗一郎开始学习摩托车修理。与自行车相比，摩托车复杂了许多，但他并没有打退堂鼓，而是在业余时间不断钻研，不断提高自己的能力。

渐渐地，本田宗一郎感觉自己的技术有了明显提高，于是，他开着自己的改装车参加了摩托车大赛。他发现，自己的车是性能最好的，因此理所当然地赢得了比赛。

这件事，给本田宗一郎带来了很深的感触。他自觉才疏学浅，又专程跑到汽车专科学校去做旁听生，只学知识，不要学位。从汽车专科学校学成之后，本田宗一郎成立了东海精机公司，后来改为本田技研株式会社，自任社长。

为了进一步学习，本田宗一郎将公司交给助手，来到欧美进行考察，并不惜血本买下所有先进的摩托车，回日本后拆开细心研究。不到三年，本田技研株式会社生产的本田牌摩托车已超过了欧美的那些知名摩托车品牌，成为世界范围内最受消费者欢迎的摩托车品牌。

按说，本田宗一郎到了可以享受的时候，但是他还不满足，决定进军汽车行业。1936年，第一部本田汽车被制造了出来。其后，本田以赶超福特为目标，向世界一流汽车生产商学习先进技术，博采众家之长，推出了既省油又美观大方的新型汽车。

相比于高学历的人，本田宗一郎的起点可谓很低，他没上过一天大学，只是一名小修理工。但是，这并不代表着他不能超越那些条件优于他的人，因为他能够不间断地充实自己。从确定了目标的第一天开始，他就开始了持之以恒地学习，先是摩托车，后是汽车，在全球范围内不断寻找学习对象，最终超越了强大的竞争对手，收获了人生成功。

学习并不意味着上各种各样的培训班，实际上，学习的机会有很多。比如在工作中历练，在生活中发现，都是一个学习的过程。我们身边的每个人都有值得我们学习的优点，在这个信息爆炸的年代，我们处处都能发现机遇。所以那些为自己找理由不学习的人不过是因为懒惰。若想成功，人们会尽可能地去创造学习的机会。所谓的天才，不努力最终也会一无所成。与其羡慕天才，还不如将时间放在学习上，这样你才有可能超越那些领先的人，才有可能在激烈的竞争当中脱颖而出，才能创造成功，远离一无所成、一无是处的窘境。

「 不必随波逐流，无须逆潮而动 」

耿先生今年做投资赚了不少钱，亲朋好友都想打探他的赚钱秘诀，尤其是阖家聚会或老同学聚会的时候，耿先生一定被围在当中。有人问他究竟该买哪只股票，有人问他金属交易可靠不可靠，有人问他哪家银行的理财服务更好。耿先生无奈地说："就算我给你们建议，也没有什么意义，这是我的经验之谈。"

大伙儿当然不信，围着耿先生又是敬酒又是起哄，说耿先生"不够意思"，耿先生说："我说说我的经验吧，你们听了，就知道我没说谎。"

耿先生家境不错，每年的压岁钱特别多，父母有心，从来不许他乱花，而是给他办了一张银行卡，全部存进去。等到耿先生大学毕业，不但获得了一份还算不错的工作，还拿到了那张银行卡，父母说，他已经独立了，可以自由支配这笔钱，究竟要做什么，由他自己决定。

在父母的精心教育下，耿先生不爱乱花钱，他立刻想到了要把这笔不算少的钱用来投资。工资只是基本保障，投资才可能创收。他兴致勃勃地开始试水，每天关注股票论坛，听着别人的经验，跟着那些投资大师的脚步走，还特意认识了几个这方面的朋友，想要得到点宝贵经验。

可不知为什么，他的投资总是失败，那笔钱已经大规模缩水。

起初，耿先生将这件事归咎于金融市场的高风险。后来，一位和他关系特别好的基金经理人私下劝他不要总是盲目跟风投资，要试着自己决策，否则很难赚到钱。耿先生半信半疑地自己分析股票走势，不论其他人怎么劝，他还是买了两只不被看好的股票。

一年后，其中一只股票涨了很多，另一只也有小规模上涨，耿先生赚了不少钱。他这才意识到，想要做出正确决策必须靠自己。他随即想到，古往今来的成功者都是有主见的人，没有几个人仅靠从众就成为佼佼者。从此，那些"投资圣经"之类的言谈只是他的参考，他真正学会了自己寻找、分析有价值的项目。

"你们让我说某个项目能不能赚钱，我真说不好，我们投入不一样，我不赚钱你们未必不能赚，反过来也一样。而且没有深入研究，我怎么能随口说？赚钱这个事，问谁都没用，不自己去试，肯定赚不到！我说的都是大实话！"耿先生喝得高了，大着舌头说出这些话。周围的人陷入了沉思。

学习与思考带来的最大收益是什么？不是直接的金钱，而是主见！

人有主见太重要了，就如耿先生发现的，古往今来的成功者无一不是有主见的人。在所有人都在随大流的时候，你能抓住不一样的东西，你就成了黑马，就可能成为领头羊。

　　没有主见的人随处可见，看到别人做什么他就做什么；领导说一句他走一步；需要做选择时优柔寡断一定要别人拿主意。就连吃个午饭都要问问别人，玩个游戏都要看看别人，别人跑他就跑，别人停他就停，靠从众得到安全感。对那些敢于直抒己见的人，他半是不赞同半是羡慕，打从心里将自己和对方区分开，认为他们是不同的人。

　　就拿投资来说吧，美国财务顾问协会前总裁刘易斯·沃克曾说：模糊不清的目标，使人无法成功。那些有准确目标的人，下手准出手快，从不拖泥带水；那些没有主意的人呢？他们常常做的只有观望、等待、犹豫、问问问，稀里糊涂地赚了赔了。他们的所谓理财，更像是赶时髦。看来，不论做什么，都要先把自己锻炼成一个有主见的人才行。

　　有主见需要勇气。出头就意味着风险，与众不同一定会带来非议，很多人承担不了风险和非议，选择和别人一样，自己断了自己的前途。要知道挑战最需要的就是勇气，你连不相干的非议都害怕，还能冲得过货真价实的困难吗？不畏他人目光，敢于做不同的事，才是有主见的标志。

　　有主见需要底气。主见是个褒义词，它包含了个人的经验和思考，代表了智慧。而那些坚持自己没有含金量的主张的人，他们同样有勇气，可能也和别人不同，但人们只会说他们固执。主见和固执大不一样，形成主见是一个学习、积累和思考的过程，它来自深思熟虑，而不是一时之气。所以在你拥有足够的底气之前，还是先多多学习多多经历吧。

有主见不是和别人对着干。有些人喜欢标新立异，喜欢别人夸自己独特，喜欢和别人对着干以显示自己有主见。这是最傻的行为。所谓有主见，未必是要和所有人都不一样，而是比所有人都清醒，知道自己究竟在做什么，会达到什么目标。不要为了标榜个性而去"逆潮流而动"，这种幼稚行为毫无意义。

总之，随波逐流可能会带来暂时的安稳，但不会带来真正的前途，想要超越自我，超越他人，就要有主见，有创意，有领先的想法。当你有了这个意识，你不会再是一个"没主意"的人，相反，会有很多人找你出主意，因为一个敢于下决定的人，还真不容易找！

「 优秀的人，不会输在沟通上 」

虽然人生之初给我们的东西并不多，但语言就是上天赋予我们最好的礼物之一，因为有了语言，人与人之间便有了交流与沟通。如果我们将自己封闭在一个自我的小世界当中，那么无异于浪费了自己的才能。

你是否有过这样的经历：当遇到困难时，自己一个人想破了头也想不出解决的方法，别人一句不经意的话就会让你茅塞顿开；在你愁肠百结，不知该如何解决难题时，去请教有经验的人，人家的经验让你少走了许多弯路。这就是沟通带来的惊喜，这种惊喜带给你的收获，绝非是一次浪漫的旅行、一个开怀的笑话所能比的。或许，一次沟通，就能改变你的一生。

沟通本身就是信息和情感的交流，是人与人之间相互扶持、相互勉励的共享形式。当你和不同领域的人沟通交流时，你会得到许多以前从来没有听过的信息，这会增加你的阅历，拓宽你的眼界。即便当时了解得不深刻，但信息的种子是会发芽的，只要你种下了，哪天需要，它就会破土而出，带给你意外的惊喜。

只不过沟通并不简单，有时候，我们所选择的方式不对，不但达不到预期效果，还会让事情僵化。

波兰北部城市埃尔布隆格有一家中型棉纺企业，戴维是这家企业的员工，工作在一线。虽然只是普通的员工，但他是个细心的人，他知道自己工作的工厂最害怕火灾，自己身处其中，不管是为企业还是为自己，必须要随时留意。盛夏的一天，工厂因为机器故障生产了一批次品棉纱，厂长为了工厂的名声，决定将这批棉纱处理掉，但因为要忙于赶订单，这批次品棉纱就被丢弃在工厂的一个角落，暂时堆放起来，等日后处理。

次品棉纱堆放的地点附近有座废弃的玻璃外墙建筑，玻璃接受日照会反光，虽然不是很强烈，但每天反射在棉纱上还是非常危险的。这一现象被戴维发现了，他意识到潜藏的巨大危险，立即跑到副总办公室，进门后当头一句："那些废棉纱堆到那里很危险，弄不好会着火的。"

副总被突如其来的一幕吓了一跳，他缓过神来，不高兴地说："如果我没记错的话，你叫戴维吧，这个时间你应该在车间里工作，而不是到我这里来大呼小叫。"

戴维着急了，更大声地说："我知道我应该工作，但那堆棉纱真的很危险。"

副总略带愠色地说："那堆棉纱有什么危险不是你该关注的，你的职责是回到车间里工作，快回去吧！完成自己的工作，小伙子！"

　　戴维还想继续说，但看见副总已经低下头翻看文件了，就没有再说下去，悻悻地回了车间。第二天，天气晴好，那批废棉纱在高温加反光的作用下起火了，火势蔓延很快，虽经消防部门全力灭火，工厂依然被烧毁了大半，损失极为惨重。

　　这起损失惨重的火灾其实完全是可以避免的，如果那位副总懂得沟通，能够和戴维平心静气地交流，问题是不难解决的。比如，戴维急匆匆跑进副总办公室，礼貌地说："那些废棉纱堆到那里很危险，弄不好会着火的。"

　　副总平稳下心气说："如果我没有记错的话，你叫戴维吧，这个时间你应该在车间里工作，突然跑到这里来找我，一定是有什么重要的事情。你刚刚提到了废棉纱，说说具体的。"

　　戴维缓了一口气，说："我看到那些废棉纱堆放的位置不好，附近竟然有一座玻璃建筑，盛夏的阳光很强烈，都被玻璃反射到棉纱上，很容易发生火灾，建议立即移动位置或者赶快处理掉。"

　　话说到这里了，那位副总肯定会有所意识，他不会任由危险发生的，那么工厂就会逃过这次灾难。可惜的是他们两个人，一个因为意识到了危险，所以显得很急迫；而另一个因为戴维的情绪而产生不快，也因为自己的面子受损，所以他"捂住"了自己的耳朵，别人说什么都听不进去。

沟通是一门艺术，也是成功者必不可少的一种能力。所以，不要故步自封，浪费了自己的才能；也不要让傲慢和自负控制自己，不听取他人的意见，不愿将自己的想法告诉别人。如果你的想法是好的，那么说不定通过与别人沟通你会得到新的灵感；若你的想法是错的，那么别人也能及时予以纠正。这才是人与人交流的意义所在。若是你只顾自己赶路，不愿与人交流，那么你的道路很有可能会越走越狭窄。那么，请从现在开启你的沟通力，同时开启人生的新一面吧。

「 不会说话，还是无"话"可说 」

不知你发现没有，很多人对自己的评价里都有这样一条——不会说话。意思主要有两个，一是比较内向不善交际；二是没有多少讲话技巧，经常说错话。也许你自己也说过"唉，我这个人就是不会说话""我不知道怎么去沟通，我不太会说话"之类的话，反正说这句话的没有一个是哑巴，所谓"不会"，就是不擅长，不愿意，说穿了，就是根本不知道该说什么。

田医生是××医院的心理科医生，一天，他接待了一位病人，这位病人说自己不知道怎么与人交往，根本不会说话。他想要和人多多交流，想要改变自己的内向，最重要的是，如果他想继续升职，必须改掉只工作不说话的状态。

他说他自己做了很多努力，平时在家里让父母女友陪着说话，他们说得多，他说得少，好歹能说点今天的饭菜、去年的衣物和几句情话。一到公司，他就成了半个哑巴，回答人问题基本都用"嗯""对""知道了"，急得同事们直叫："你说清楚点！你就不能说清楚点！"

他下决心参加了一个"语言辅导班"，"交际大师"讲得天花乱坠，他也听得充满干劲，还记了大半个硬皮本的笔记，可那些"谈话要点""对不同人有不同的语速""对男士说话和对女士说话的要领"全都拯救不了他。

现在他对说话有点恐惧，更觉得自己是个胆小鬼，不知道自己还有没有升职的希望。他每到周一就紧张，根本不知该跟同事和上级说什么，吃饭也不想和他们一起吃，害怕他们对自己有看法……

"你这不是挺能说的？"田医生打断他。

"你是医生，我当然要陈述自己的病情。"

"我知道你的病情了。"田医生说，"你不用整天想着自己没有希望，把这个时间用来看书，看新闻，哪怕上网，你不是有社交恐惧症，你和别人无话可说，是因为没有谈资！"

后来，这位病人不治而愈，成功升职。他说他只是和同事买了同一款手机，经常一起研究手机的性能，就顺利地融进同事的圈子。他还发现，只要有共同话题，少说多听也是一件很受欢迎的事，他以前真是把这件事看得太难了。

不会说话的人既没有丧失说话的生理能力，也不能整天不与人沟通。如何开口？说什么？别人会不会觉得无聊？会不会冷场？万一别人不回答呢？自己能和人搭得上话吗？许许多多的顾虑，让人成了会说话的哑巴，甚至怀疑自己有交际障碍。其实这种问题根本不需要心理医生，完全可以自行解决。

试想一下，不论你是什么年龄，什么职业，如果别人说起足球，你能立刻从世界杯侃到欧洲联赛；别人说起电影，你能立刻附带说说导演还导过什么、主演还演过什么；别人说起时尚，你既能说当年的杀马特也能说上个礼拜的时装周；别人说起哲学，你能立刻说出海德格尔、克尔凯郭尔、福柯；别人说起茶叶，你能说说云南普洱生茶、熟茶的区别……谁不愿意与你交流呢？有什么话不能说呢？

所以，不会说话，不是因为你内向，不是因为你情商低，不是因为你和别人有这样那样的距离感，仅仅是因为你无话可说，你知道得太少了！

找到问题所在，就可以制定进阶之道。增加见闻的方法很多很多，你可以订制一些有见地的推送内容，可以经常找有阅历的朋友聊聊天，可以多读一些经典图书，可以追着某些博主学习他们的心得，可以多出去转转享受别样生活。总之，你要有信息意识，把自己当成一个信息接收器，尽量多接纳外界的信息。

你不能和身边的人完全没话聊，你至少要知道同事们说的那些电影的内容，哪怕只是在网上搜影评看个几分钟；你应该知道朋友们关注哪些事；身边的人喜欢哪些明星，听他们一两首歌……这些事费不了你多少时间，却可以让你不会落伍，不会在大家聊得热火朝天的时候，完全接不上话。

当然，你不能止步于此，这种应付式的聊天毫无魅力，别人只会当你是个不扫兴的人，不会有太多沟通意愿。你还应该去接触那些真正有见地的观点，应该深入地思考一些问题，提出自己的见解。你应该关注社会热点，关注国际新闻，让人看到你的底蕴和情怀。特别是当你对一个问题持续性地关注和思考，收集许多意见时，你的分析能力也会不知不觉地提高。此时，你的谈话内容已经上了一个台阶。

你必须尽量减少碎片化阅读，让自己的思维更有系统性。朋友圈经常转发一些"深度好文"，有些质量的确不错，但这些一家之言虽然有见地，却支撑不起你的思想，不要为过于碎片的东西浪费太多时间。它们你一篇我一篇，观点很新鲜，内容很矛盾，你信了这个又信那个，何时能有自己的主意？

总之，积累谈资是一个长期的过程，要多，更要精。首先要做的是下定决心，钻研某一领域，对这个领域的一切有些发言权，这样别人会觉得你是个"有学问"的人，有这方面的问题都会来和你商量，连带也觉得你在其他方面必然有见地。由精而博，才是获取知识的顺序。千万不要只顾着收集一些老掉牙的笑话和日常琐事，若只会说这样的话，就算你多么能言善道，别人也只当你是碎嘴的人。

「 今天的选择方式，决定未来的打开方式 」

　　每个人的生活都会面临很多选择，决定我们今天生活的，是我们之前做出的选择；而我们现在的选择，将会决定我们以后的生活。每个人的选择不同，注定会拥有不一样的人生。

　　有 3 个人同时被关进了一家监狱，监狱长允许他们可以各自提出一个要求。

　　第 1 个人由于喜欢抽雪茄，所以要了 3 箱雪茄。

　　第 2 个人由于最懂浪漫，所以要了一个漂亮女子与自己相伴。

　　第 3 个人，要了一部电话，说自己每天要和外界沟通。

　　三年时间很快就过去了，第一个冲出来的是那个要了雪茄的人，他的鼻孔里和嘴里都塞着雪茄，冲着人们大喊："快点给我火，快点给我火！"原来，他当初忘了要火了。

　　第二个走出来的是那个讨了老婆的人，他的手里抱着一个小宝宝，漂亮的女子还拉着一个小宝宝，同时，她已经怀上了第三个小宝宝。

　　最后走出来的是那个选择了电话的人，他激动地握住监狱长的手说："在这三年时间里，我每天都通过这部电话联系外界，才使我的生意没有停顿下来，并且利润还增至 2 倍，所以我对你表示深深的感谢，为表我的谢意，我要送给你一辆劳斯莱斯！"

命运总会想办法给我们安插各种各样的选择，这看起来很像是通关游戏，因为不同的选择会走上不同的道路，但是我们要明白一点，人生虽然有着游戏的模式，但它终究不是游戏，若是随意挥霍为数不多的机会，那么结果可能足够使我们后悔了，在这条单行线上，我们很少有从头再来的机会。

作出选择并不是一件容易的事，在选择的过程中，我们的能力、胆识、见识等都在接受着不同程度的考验。在人生的选择这件事上，对与错没有一个评断标准，区别只在于你更想过哪一种生活。有的人选择了做生意；有的人选择了卖图书；有的人选择了做时尚媒体；有的人选择了做培训……不管是涉足哪个领域，只要我们做出的选择符合自己的性格与爱好，符合自己内心的期待，那么你所做出的选择就是正确的。

杰夫·贝索斯萌生了要创立亚马逊的想法，那个时候，他 30 岁，刚刚结婚一年。

那时的现实情况是，互联网使用量以每年 2300% 的速度增长，杰夫·贝索斯对此也是之前从来没有看到过、听说过。所以，一想到自己要创建涵盖几百万种书籍的网上书店，他就十分兴奋。

于是，杰夫·贝索斯就将自己打算辞掉工作创建网上书店的想法告诉了妻子，并且告诉她自己有一天可能会真的面临失败，但妻子很支持丈夫去追随自己内心的那股热情，便鼓励他说："你应该放手一搏。"

那时，杰夫·贝索斯在美国纽约一家金融公司工作，同事们都十分聪明，公司领导处事也很有智慧。在辞职后，杰夫·贝索斯就将自己想在网上卖书的想法告诉了老板，他的老板随后带他去公司附近散步，谈了很久很久，并劝他再好好思考一下。

最终，杰夫·贝索斯还是决定自己拼一次，并且表示，一旦自己失败了，也绝不会感到遗憾。就这样，他选择去走一条在那时人们看来并不安全的道路。

后来，每逢杰夫·贝索斯想起当初的那个决定，他都为此感到骄傲和自豪。

是啊，如果选择了宁静，就意味着要过孤单的生活；如果选择了高山，就意味着要面临无数坎坷；如果选择了要成功，就意味着自己会经历很多磨难；如果选择了机遇，就意味着自己会承担许多风险。一个人的选择，直接决定着他将拥有什么样的生活。

在大海浪潮翻起的时候，我们是选择退缩，还是勇敢搏击风浪？在现实严峻情况之下，我们是选择放弃，还是勇往直前？在自己成为愤世嫉俗者之前，我们是选择展现自己的小聪明，还是选择一份善良？因为不同的选择，直接决定着我们是否能够战胜自我，是否能够超越自我，是否能够大获成功。

　　更重要的一点就是，不管我们做出了怎样的选择，都不要后悔，这是对选择的最大限度的负责，也是对自我最好的尊重。

「 职场细节决定成败 」

放眼这个世界，有人看到的是美丽的风景，有人看到的却是无数的灾难和荒凉。其实，这个世界的美无处不在，就像我们的人生一样，关键在于你是否留意过这些，是否细心地体味过这个世界的美丽之处。

"泰山不拒细壤，故能成其高；江河不择细流，故能就其深。"细土慢慢累积才形成了泰山的高大雄伟，小小溪流汇聚才形成了江河的波澜壮阔。不要小看任何一个细节，每件大事都是由小事组成的，所以，任何事情细节的纰漏都可能造成重大损失，甚至全盘皆输。"天下无易事，需要细心人。"没有一件事是简单的，任何细微的东西都有可能成为决定成败的关键。

流水线上一个环节的小小失误就会导致劣质产品的出现；文案中一个小小数字的失误就可能会导致提案的失败。"失之毫厘，谬以千里。"即使你对工作再热情，如果不认真细心的话，那么也终难以敲响成功的钟声。

某医院的妇产科来了个实习医生。

她大学毕业后分到某地区，已经独立手术。老医生做人工流产时，她在旁边小声说："出血这么少，我做时比这多。"

老医生意识到问题严重，立即问："你手术时器械进深多少？"

她回答的数字令老医生吃惊，足足多出四分之一，器械过深容易造成出血。老医生生气地说："你这是草菅人命啊。没看过教科书吗？上课时怎么听的课？实习时难道没操作吗？"

她小声说："我以为人工流产很简单，没仔细看书。"

实习医生从来没有细心注意过自己的手术刀有多么重要，她疏忽的四分之一极有可能害掉一条性命。细心是一种素质、一种习惯，更是一种修养，无论做什么职业，都要细心严谨，每个细节都有可能付出生命般的代价。

我们上学时，常常会因为一个小数点的点错而算错一道题，那时付出的代价也许只是一顿批评而已，但是生活中一个小数点的错误却十分可怕。

1967年10月25日，苏联"联盟1号"宇宙飞船的宇航员科马洛夫在完成任务的归途中，突然发现自己的降落伞出了故障，无法为飞船减速了。这就意味着，飞船将以飞快的速度和巨大的冲力坠落地面。科马洛夫在生命的最后一刻与家人进行告别，他对自己的女儿说："在学习中一定要认真对待每一个小数点，'联盟1号'飞船的坠毁就是因为在起飞前的检查中忽略了一个小数点，这就是一个小数点的悲剧！"

每个小的工作细节可能看似不起眼，但是，假如我们把台历上的过期贴纸及时撕掉，办公桌就会变得整洁；假如我们把电脑中的过时文件及时清除，电脑的运行速度就会加快。虽然我们的生活不会那么完美，但是如果能够在小细节上尽量做得完美，那么生活就会变得更加幸福，甚至得到意想不到的惊喜。

一位大老板因公到某国出差，他入住了世界一流的××饭店。他这并不是第一次入住，几乎每次到某国出差他都要在这里下榻，因为这里不论是外部环境还是服务态度，甚至每个细节都让他非常满意。

一天早上，大老板刚刚走出房门，准备去楼下用餐，当他走到电梯旁时，楼层服务小姐走上前，说："先生，您要下楼用餐吗？"大老板点点头，但是他很惊讶为什么楼层小姐认识自己，但是又一想，也许自己常常在媒体报道中出现，比较好认吧。想到这儿疑问也就打消了，于是快步走进餐厅。

"先生，您早，里面请！"餐厅服务小姐在门口迎接着。怎么会又认识我？大老板不禁愣在那儿。餐厅服务小姐看出了他的错愕，马上询问："先生，有什么需要帮您的吗？"

"你们认识我吗？"大老板问。

"是的，我们这儿有规定，当客人入住时，一定要认清每一位客人。"小姐微笑着回答。

"哦！"大老板不由得在心中赞叹，他继续问，"那你怎么会在电梯口迎接我呢？"

服务小姐微笑着解释说："上面打来电话，说您要下楼用餐了。"

大老板十分惊讶××饭店办事的高效率和体贴入微的服务。

当服务小姐把大老板引到餐厅后，问："先生是要老位子，还是换个新位子呢？"

"老位子？"大老板奇怪地问，"难道我去年用餐的位子你们还记得吗？"

"是的，我已经查过您的记录，在去年6月8日的时候，您在靠第二个窗口的位子用过早餐。"服务小姐准确地说出了位子，大老板心里激动万分，忙说："那就老位子吧！"说实话，连他自己也不记得去年用早餐的位子。

服务人员很快把早餐端了上来，一份样子很特别的点心摆在了桌子上。大老板好奇地问："中间那个红色的是什么？"

服务小姐看了一眼，然后身子自动向后退了一步给他解释。

"旁边黑色的是用什么做成的？"大老板又问。

服务小姐向前看了一眼，又后退一步解释。

大老板心中对××饭店的服务佩服之极，服务小姐为了防止说话时口水溅到食物中，后退给客人解释，连这种小细节××饭店都注意到了呀！

××饭店给大老板留下了深刻印象，虽然只是一次短暂的商务旅行。5年后的一天，大老板突然收到一张贺卡，里面还有一封简短的信："亲爱的先生，您已经5年没有光顾××饭店了，我们全体人员非常想念您，希望您再次光临。今天是您的生日，祝您生日愉快。"这时，大老板才想起，原来今天是他的生日，他十分激动地对身边的人说："如果去某国，一定给我定××饭店。"

"创造辉煌和卓越的并不是天才，而是那些微小的细节；挽救伟大事业的并不是英雄，而是高度的责任心。"××饭店之所以能够成为一流酒店，那是因为他们把细节变得完美。

一个饭店要赢得客人的青睐和满意，细节上的功夫很重要；一个公司要想谋求更好的发展，细枝末节胜过一个大的决策；一个人要想取得成就，就要认真对待点滴小事，把"大材小用""不识千里马"的想法全部丢掉，一块一块的砖只有堆砌起来才会形成万里长城。

任何一个庞大的事物都是由无数个小细节组合起来的，忽视了细节，失败就会自动出现。要想取得成就并不难，只要具备强烈的责任感，创造完美的细节管理，终有一天必会成功。

「 头脑不安静的人，无法理性思考 」

在一切日常琐事中，最让人懊恼的就是犯错误。生活中的错误影响心情，工作上的错误耽误绩效，情感上的错误危及人际和谐，但谁也不是圣人，谁都会犯错。人们知道不能追求无过，只希望自己能把错误率降得低点，更低点。可是，尽管小心翼翼，尽管一再规避，尽管费尽心思，错误还是会出现。

为什么人一定要犯错呢？为什么自己总是那么粗心大意？为什么选不出最正确的那个选项？为什么没有料到结果？那是因为你想得太少了！我们不可能具备诸葛亮那样的智慧，但如果像他那样，凡事都能从全局、长远、细节三个方面思考，错误率会大大降低，可以说，理性地思考，是成功的一半。

感性和理性，我们离不开的两种模式。前者细腻后者客观，过分感性就会软弱，过分理性就会冷酷，很多人的问题就是感性太多理性太少，意气用事屡见不鲜，理性思考却少得不能再少。究其原因，在于心不静，头脑安静不下来，这样还如何分析问题？所以，终日忙碌的人看似有所得，其实他们脑子里乱糟糟的，根本没有任何成型的东西。

咖啡馆，两个老同学正在聊天，一个是卖电脑的小老板，一个是不太有名气的画家。小老板问画家："为什么你总在咖啡馆里坐着？"

"为了静静，为了思考。"画家回答。

小老板环视咖啡馆，他们前面那一桌只有一个人，开着一台笔记本，十指如飞敲着键盘，那噼里啪啦的声音清楚地传到耳朵里；他们后面那桌，是一对情侣，正说着腻歪的情话；不远处那一桌，几个大学生正在争论一个问题；更远处也有好几个人，其中一个大嗓门，不时来一句，声音在墙壁间回荡。小老板问："你确定你静得下来？"

画家说："静不是说没有声音，而是你知道自己现在该做什么。你看他们，虽然做的事不一样，但全都投入进去，各忙各的，没有人浪费时间。我想要的就是这么一种氛围，我能在这种'安静'中思考我的事。打个比喻，大学的时候，我们上自习就去图书馆，看到那么多的人都用功，我们也会加把劲看书。就是这个道理。"

小老板半懂不懂，问道："那你都思考什么啊？"

"我什么都思考，国计民生，时政杂谈，男女情爱，饮食起居，很多问题细想想，特别有意思。"

"这和你的画有什么关系？"

"画家不能只知道在画室画画，如果没有一个宏观的头脑，没有细腻的观察力，他的作品就不会有生命力。"

"艺术家怎么这么矫情？"

"做什么都需要思考，就像你当老板，你要是只知道卖电脑，不想想怎么卖才能卖得更好，赚的钱就会只有一定限额，还有可能被那些有头脑的经销商挤掉。但如果你能在营销上做做文章，搞一些活动，和附近的店铺进行捆绑宣传，或者改进服务，你就能建立自己的口碑。这些东西，都需要思考。"

"你说的还真是这么回事，但我在哪里思考不一样？为什么一定要选咖啡店？"

"因为人在家里想休息，在店里想买东西，在酒吧想喝酒玩乐，只有在咖啡馆这种大家都在思考的地方，才能静下心。或者，你也可以试试去河边散步。"说完，画家喝了口咖啡，不再和小老板说话，眼神飘向窗外，陷入思考之中。

小老板觉得无趣，看看周围，大家都在忙自己的事，他也只好搅动着咖啡，想着如何卖掉库里那批过时的电脑存货。他一边想，一边漫不经心地看着周围，看到那群大学生，他突然灵机一动，何不在生活费紧张的大学生群体里发发传单，低价卖给他们？他们不要求电脑新潮，更重视实用。他越想越觉得这个想法可行。他又想到自己库里还有一些小件电子产品，可以作为赠品，提高大学生们的购买兴趣。

离开咖啡馆的时候，小老板满脑子都是计划，简直迫不及待，他对画家说："这咖啡馆真是好地方！还是你聪明！"

想要理性地思考问题，人必须先静下来。不要想着你的烦心事，不要被别人干扰，不要想今天晚上吃什么，也不要想明天会不会迟到。让大脑远离日常琐事，看看天空，看看草地，听听不相干的声音，走在一条无人的小路上，或者坐在一间安静的咖啡馆，然后再想你的问题。想的时候不用太勉强，可以随时神游太虚，看无关的杂志和风景，这一刻，你非常安静，闲适，和烦恼毫无关系，你只是一个思考者。

在这个浮躁的时代，太多事让我们焦虑，有时想让自己安静下来，需要一些外界条件的辅助。故事里画家所说的咖啡馆，就是一个不错的地方，这也是那些做脑力工作和创造工作的人喜欢去那里的原因。一杯咖啡可以让头脑清醒，可以随意走动的环境又不会让人拘谨，人多的时候不安静，但大家都做自己的事，反而制造了一个互不干扰的气场。

思考的乐趣有很多，当你静下心想事情的时候，你会发现平日死气沉沉的脑细胞逐渐活跃起来，一些奇妙的点子形成了。如果你手中拿着一本书，随便看上几眼，你会发现那完全不相干的书本内容，竟然引导了你解决问题的思路。你的思路越来越宽，想法越来越多，你简直不敢相信自己有这么多想法。别光顾着惊奇，赶快拿笔记录，这些想法来得快去得更快，再过几分钟，你想都想不起来。

有的时候大脑里空空如也，静坐几个小时，散步几个钟头，一个点子也没有。不必焦急，要知道思考的目的并不只是解决问题。想要身体健康，我们需要锻炼四肢和器官；想要大脑健康，我们需要经常思考。思考，就是对大脑的保健。即使你没有想出什么固定的方法，各种念头被你的大脑记录了，各种事物在你的大脑里有了更清晰的印记，你对一个问题的不断思考，让你更加明白解决问题的关键所在。说不定哪个时候，灵光一闪，办法自然到来。

很多人将动脑当作一件苦事，是因为他们只想解决某个特定的问题，根本不知道思考的乐趣。太狭隘的思路只会让大脑走进死胡同。思考，既要有主要目的，也要尽量发散，想各种各样的问题，各种各样的可能。当你静下心来的时候，这些想法就像精灵一样在你的大脑里散步，感觉非常奇妙。

大脑越用越活，想变聪明，只有多学习、多思考这一个踏实的途径，在这方面，千万不要偷懒走捷径。每天给自己一些时间，忘记生活，静下来思考一些问题，这些问题与你的生活越远越好。当思想飘浮在空中，你会更全面地看到生活，看到未来的道路。思想在高处，人才能脱离平庸，走向高处。

「 开阔眼界，开阔生命的宽度 」

开阔眼界的十种方法：

阅读

英国哲学家培根说：书籍是人类进步的阶梯。不论什么人想要开阔眼界，他的最初、最好、最方便的选择就是阅读。书籍是智慧的结晶，在书本上，你可以看到智者们关于人生、自然、社会、科学的种种总结，能够极大地提升你的知识涵盖面，塑造你的思维方式。就像培根所说：读史使人明智，读诗使人聪慧，演算使人精密，哲理使人深刻，道德使人高尚，逻辑修辞使人善辩。不同的书，可以给人以不同滋养。

阅读要有选择。在知识爆炸的时代，纸质书也好、电子书也好、网络文章也好，林林总总，让人眼花缭乱，不知该如何选择。此时不要随便拿一本就开始读，尽量选择经典读物，而不是根据人为的排行榜决定自己的书单。有了经典名著的阅读积累，你才能分辨出书的好坏。亲近好书，就是亲近有智慧的人生导师。阅读，是开阔眼界的最基本方法。

旅行

读万卷书，行万里路。这是最古老也是最有用的中国智慧之一。读书让我们增加书面的知识，旅行让我们积累立体的知识，两者结合，才能更好地激发我们对生活的想象。在旅途中，我们能够增长见闻，结识朋友，了解各地风俗，观看名山大川，积累历史知识，还能品尝美食，享受不一样的风情。

当背包客看似潇洒，却不是所有人都能尝试。旅行，也应该量力而行，选择合适的时间，合适的地点，才能放缓步调，用心感受。所谓"一场说走就走的旅行"，看似洒脱，实则不负责任，还有可能碰到各种意外，增加风险。旅行需要惊喜，更需要安排。一场赶时间的旅行不会为你带来快乐，只会让你筋疲力尽。所以，在旅行前一定要多做功课，才能尽情享受旅途中的一切。

倾听

我们习惯倾诉，却常常忘记倾听的重要。倾听他人说话，就是了解他人的思想，分享他人的经历，汲取他人的智慧，思考他人的人生。特别是那些有阅历、有智慧的人的话语，常常能让你茅塞顿开，所以，每个人都应该学会倾听。不要因为固执己见而拒绝接受他人的声音，你接受得越多，思路就越宽广，思想就越包容。

倾听还是一种令人欣赏的习惯。善于倾听的人朋友不会少，比起喋喋不休的人，人们更倾向于和那些安静的人谈话。当然，要注意分辨说话者的话语质量，如果只是单纯地吐苦水、发牢骚，这样的话不听也罢。

艺术

学习、理解一门艺术，看似只是了解了这门艺术的皮毛，却可以通过与艺术的接触，得到一种充满美感的思维方式，让你对生活、对事业、对人生有更加深入的了解，让你以更加诗意的眼光看待这个世界，从寻常事物中发掘美。你的人生也因一门艺术而改变。

学习艺术不要有太高的目的性，不要想着得到一张证书，通过一次考试，而是要单纯地感受艺术的欢乐。画一张画、弹一首曲子、临摹一张字帖，不要想着将它们拍照发到朋友圈，而要想想你从中得到了什么。是沉迷于艺术的快感？还是专心做一件事的安静感？或是取得一点进步的成就感？艺术不是外在的修饰，而是内心的升华。

交流

多个朋友多条路，是一种功利的交友观。多交一个朋友，未必让你多一条可以走的道路，却一定可以让你多一条应对问题的思路。与各种职业、各种性格、各种年龄的人进行交流，能够让你了解浮生百态，人间万象，极大地丰富你的阅历。

平等、尊重、真诚是与人交流的基本态度，对任何人都要做到不卑不亢，才能受到他人的尊重。不要因为自己的见识浅薄而不敢发问，也不要因为自己有经验就好为人师，时刻保持谦虚的态度，会吸引更多的朋友在你面前发表自己的见解。此外，不要随意批评他人，尽量理解他人的立场和想法，才能让你的思维更加开阔。

观察

耳听为虚，眼见为实。一个懂得观察的人，总能从生活的细节中得到收获。当他把自己的观察结果告知旁人，人们会惊讶于他的独特和细致。其实，每个人对生活都有一个不同的切入点，只要仔细思考，不随波逐流，每个人都是独特的发言人。

我们应该观察什么？观察看到的一切。路上的风景、树木、行人、动物，都可以成为观察的对象。观察需要专注，不是走马观花地看，而是要选择自己感兴趣的对象，完整地看下去。倘若你愿意用本子记下你的观察结果，或者用相机拍几张照片，事后看看，你会有不一样的感受——观察，最好与记录和思考结合。

参与

纸上得来终觉浅，绝知此事要躬行。图片上的花再漂亮，也不能让你体会到翻土、浇水、看着花朵渐渐长大的快乐。不要限制自己，认为自己适合做某些事，不适合做某些事。要提高自己的参与感，不论是在工作上，还是在生活中，要付出自己的一份心力，让人们发现你的存在。

多多尝试不同事物，特别是那些你不曾做过的，或者心怀恐惧的。未必每次都成功，但尝试本身就是一种收获。失败了，可以得到一些教训，察觉到自己的不足；成功了，可以增加自信，学到新技能。不要总是把自己关在家里，看看别人在做什么，亲自去试试，你会发现生活本身就是个万花筒，不知有多少有趣的事正在等待你。

请教

很多人羞于开口向人请教，不愿向人低头。但不请教如何获得更多的知识？书本的知识是抽象的、概括的，想要获得更多的细节，向熟悉某门知识的人请教，不断询问，是最好的积累知识的办法。当然，你可能会遇到不耐烦的解答者，可能会被拒绝，这时候要保持平常心，更加虚心地询问对方。

谦虚是一种品质，也是一种习惯，当你习惯了不懂就问，向有知识的人请教，他们也会逐渐了解你谦虚的品德。他们不会因为你的发问而轻视你，反而看到一种憧憬知识的高贵。当麦穗向大地低下头的时候，是它最美丽的时候。

自省

人贵自知，很多人无法接受自己，既不能接受自己的缺点与错误，也不了解自己的优点与长处，每每导致判断失误，眼高手低，与良好的机会失之交臂。倘若一个人学会自省，不断了解自我，检讨自我，改进自我，他的人生将会是另一番局面，他能够扬长避短，能够不断进步，能够做出最适合自己的选择，换言之，自省让人明智。

每天都要留一些自省时间，思考今天自己做的事，见的人，说的话。每天至少要留 15 分钟这样的时间，保持绝对的安静和专注的思考。在这个时间段内，不要与任何人交流，不要看书，不要上网，不要做任何事，让身体静置放空，然后想想自己，想想可以改进的部分，你会在这样的沉思冥想中变得更加成熟、更加优秀。

赚钱

这个方法似乎与前面九条不太搭调，却是最实际的一个方法。物质基础决定上层建筑，想要学习也好，想要旅行也好，想要有空闲时间在街头拍照也好，你都需要足够的资金。甚至，当你想要感谢那些不吝啬指导你的老师时，你也需要钱买合适的礼物。而且，充足的金钱能让你接触到更多事物，享受更多爱好。

赚钱本身也是一件开阔眼界的事，你将不得不面对困难与挑战，在这个过程中，你需要求教，需要学着与人合作，需要改正自己的不足，需要磨炼自己的意志，需要接触形形色色的人，需要搭建自己的人脉网，需要学习如何提高情商和智商……当然，你也可以把赚钱称为事业，以事业为中心，开阔你的眼界，一举多得。

PART – ④

真正的勇敢，是见过生活的糟糕依然热爱

现实的人生充满坎坷，我们永远不知道痛苦与困顿何时会从天而降。

勇敢并非用力逃避痛苦，而是在明知是困境的情况下依然能够带着恐惧继续前行。

在见识过生活的糟糕与无奈后，依然对它充满热爱。

「 精神对于物质的胜利，便是人生哲学 」

2016 年 5 月 25 日，105 岁高龄的杨绛先生在北京去世。在古代，人们称呼那些有学识的人为"先生"。不论男女，只要学识渊博、德高望重，都会获得"先生"的尊称，这个传统一直持续到民国。时间流逝，女先生们都已作古，杨绛一直被称为"中国最后一位女先生"，如今她也驾鹤西去，令人惋惜不已。

在惋惜声中，人们重新审视了杨绛的一生。她被丈夫钱锺书称为"最贤的妻、最才的女"，她是才女，在文学和翻译上均有建树，市面上流传最广的《堂吉诃德》中译本，就是她的手笔；她的散文写得独有韵味，记录一家三口生活的《我们仨》一直是图书畅销榜的常客；她经历了丧女之痛和丧夫之痛，可谓坎坷；她在一百多年的生命里，始终保持着积极的生活心态，让人羡慕不已。

对于人生，杨绛先生说过这样一段话：

上苍不会让所有幸福集中到某个人身上，得到爱情未必拥有金钱；拥有金钱未必得到快乐；得到快乐未必拥有健康；拥有健康未必一切都会如愿以偿。保持知足常乐的心态才是淬炼心智、净化心灵的最佳途径。一切快乐的享受都属于精神，这种快乐把忍受变为享受，是精神对于物质的胜利，这便是人生哲学。

这是一种平静宽容，与生活和解的心态；也是一种知足常乐的人生哲学。靠着这种心态，她才度过了屡次伤痛；才在高低起伏的人生中取得了自己的成就；才能保持身心健康，颐养天年；才会获得世人的高度评价。她代表的正是一种积极充实的生活态度。如今她去世了，这种生活智慧不应该随她而去，而应该被后人继承。这也是对她最好的纪念。

你对生活有怎样的心态？

幸福的生活来自好的心态，相对地，不幸福的生活与消极心态有莫大的关系。杨绛先生的 105 年人生历程，比大部分现代人都要坎坷，但她一直保持着平静和宽容的心态，这也是她能够高寿的一大原因。年轻人没有饱经沧桑，难有过来人的淡定，但这种态度依然能给我们很多启示。特别是对于那些消极的人。

世界上没有绝对的事物，消极和积极相应而生，即使积极的人也会有丧失信心、跌入低谷的时候；多数消极的人也不会选择黯然离世，还是靠着一些希望努力着。所以，绝大多数人的心态都在消极和积极之间，所谓"消极的人"，是那些总是给自己消极暗示的人，并不是说他们无法积极，他们完全有积极的能力。

人们或多或少都给过自己消极的暗示：想要完成一个任务，害怕自己能力不够，就对自己说："也许不会成功吧。""结果不要太差就好。""怎样才能应付过去？"这就是消极状态，想要的不是做好、做得更好，而是"过得去"。那些十足消极的人更没信心，他们从一开始就相信自己会失败，甚至不愿接受这个任务。

大多数人最初不那么消极，相反，小时候我们都会得到来自父母师长的很多鼓励，鼓励我们勇敢，夸奖我们优秀，让我们得到很多自信。但是，当我们看到同龄人中有那么多的优秀者，又在成长过程中经历了一次又一次的失败后，我们不得不正视自己的缺点，不得不承认自己能力不足，这时消极心理就产生了，我们开始惧怕下一次失败。

消极的暗示开始在我们生活中蔓延，起初只在大事上让我们犹豫；大事上的耽搁甚至失败让我们进一步否定自己，我们开始认为自己做不好很多事；怀疑进一步加剧，日常生活中一丁点挫折，我们就会将原因归结到自己能力不足，于是越来越没有信心；因为没信心，我们又做错了很多事，失败观念不断加深……最后，我们不论做什么事都会担惊受怕，不断问自己："我真的能做好吗？"

当生活中充满这样的暗示，我们没法从容地面对他人，没法自信地面对挑战，没有底气去说服别人，也没有勇气去坚持自己的决定。我们开始优柔寡断，开始拖延，开始敷衍，开始暴躁，开始找不到自己的位置。我们知道这样不好，试图让自己振作，我们战战兢兢地尝试着，因为心理不够坚定，一丁点失败又一次把我们打回原形。

那么，消极的暗示究竟是什么？并不深奥。就像一个没带伞的人，突然遇到了下雨天。倘若他一直暗示自己"雨不会停""我总是这么倒霉""我一定会感冒""我为什么不带伞呢""我怎么能不看天气预报"，任这些自责、自怨情绪蔓延，他的心情肯定会一团糟。其实，每个人都会遇到这种情况，只要赶快跑出去上一辆车，不就可以很快回家了吗？

其实，消极就是下雨的时候忘记带伞，你可以留在原地抱怨自己倒霉，抱怨老天和自己作对，抱怨自己没能预知天象；也可以找地方避雨，快速跑到避雨的地方，或者干脆在屋檐下欣赏一下雨景。消极或积极，只在你的一念之间。你选择的一念，就决定了你的生活心态，也决定了你的生活状态。

　　积极的人未必不会碰到下雨，消极的人却很少能看到阳光，你该选哪一念？

「 生活从不在乎你要的公平 」

每一个人都期盼着公平，但是绝对的公平是不存在的。遭遇生活的不公平时，很多人无法适应，怨天尤人，整天活在忧郁之中，这或许能解一时之气，但我们也就等于被生活击垮了，更别提获得安然的生活方式了。

试想，如果你大学毕业后被分在基层工作，你一边愤愤不平，一边敷衍工作，那么你会有升职的机会吗？恐怕没有，因为老板会认为你连最简单的事情都做不好，根本不会有责任心和能力去做更重要的工作。

上天眷顾的人只是少数，而我们只是那大多数中的一部分。既然这样，我们何必对那些不公平的人或事耿耿于怀呢？正确的方法是温和宽容、平心静气，以忍灭嗔，不被不公平所牵绊，思考如何更好地适应生活的不公平，去创造公平。正如比尔·盖茨所说：生活是不公平的，你要去适应它。

蔡琰来自陕西山区的一个贫穷农村，专科毕业后为了谋生来到西安一家大型企业做保安。最初，蔡琰感觉自己的工作不太受尊重，他一度很不服气："命运为什么这么不公平？凭什么那些白领们在干净优雅的办公室里办公，而我却要在风里雨里站岗？"不过，他很快调整了自己的心态，决心努力缩小与这些人的差距，之后他利用所有的闲暇时间来充实自己，他利用休息时间攻读英语、经济管理、社会心理等课程。由于什么都是从头学起，蔡琰学得很拼命，就算是坐火车回老家时他也拿着书在看。有时，看到周围的同事在业余时间看电视、打篮球，他心里也很痒痒，但他还是会咬牙学下去。

就这样，"蛰伏"了近三年，蔡琰通过成人高考考上了西安师范学院的经管系，他一边工作，一边学习。通过几年的认真学习和实践锻炼，他的个人能力得到了提高，并以全班第一的优秀成绩毕业。一毕业，他就被一家大型企业录用了，月薪比保安工作翻了好几倍，他成为了一名真正的白领。

这个世界如此不公，为什么我们还要对自己不公平？对现实抱怨的人往往已经在心理上认同了这个现实，知道环境是无法扭转的，既然如此，你为什么不改变自己，给自己一个公平？若是你都没有勇气接受自己，你又怎么可能有勇气和别人比拼？

出身贫困，没有高学历、没有关系，但是蔡琰凭着勤奋与坚持，取得了令人瞩目的成功。不要在公平与不公平上多计较，放弃抱怨和愤怒，接受不公平的现实，及时做一些更有价值的事情，把力气用在发展能量、提高自己上面，那么早晚有一天生活会给我们公平的回报。

面对生活的不公平，每个人因自己的修养、意志、胸怀、境界的不同，会有不同的态度，会做出不同的反应。正是由于这种不同，造就了一个人和另一个人、一些人和另一些人的不同人生。换句话讲，一个人的生活未来和成长实现，主要不是取决于他如何面对公平，而是他在不公平环境中有怎样的表现。

有这样一种人——他们早已知道，生活中没有绝对的公平。当不公平出现的时候，他们不会愤怒，不会抱怨，也不会惊慌失措，而是把它当作人生必修之课去应对，必做之题去演算。

莎士比亚在很小的时候有机会接触到了剧团演出，他好奇一个小小的舞台竟能演出一幕幕变幻无穷的戏剧来，便暗下决心：要终身从事戏剧事业，当个戏剧家。但是，当时在英国戏剧工作是一个高级的职业，活跃着一批受过高等教育，而且在戏剧方面有些成绩的职业剧作家，他们垄断了剧坛，普通人根本无力介入。

为了更加接近戏剧事业，莎士比亚主动到戏院做马夫，专门等候在戏院门口伺候看戏的绅士。待表演开始后，他就从门缝或小洞里窥看戏台上的演出，边看边细心琢磨剧情和角色。回到家后，他时常模仿戏台上的人物和戏剧情节，有声有色地演戏，他还发奋地翻看文学、历史等方面的书籍，自修希腊文和拉丁文，掌握了许多戏剧知识。

终于，莎士比亚等到了一个上台表演的机会。有一次，剧团需要临时演员，莎士比亚"近水楼台先得月"。由于出色的理解力和精湛的演技，他的表演得到了大家的肯定，不久就被剧团吸收为正式演员。之后，莎士比亚大量阅读各种书籍，了解了各国的历史和人民的生活百态。27岁那年，他写了历史剧《亨利六世》三部曲，正式进入了伦敦戏剧界。1595年，他又写了《罗密欧与朱丽叶》，剧本上演后，莎士比亚名震伦敦，成为英国戏剧界大师级人物。

面对周围不尽如人意的环境，莎士比亚并没有整天抱怨人生的不公平，而是从戏院最底层的马夫做起，努力学习戏剧知识，最终将现实中令人不满意的成分降到了最低限度，成为了一名闻名海内外的戏剧家。

认同这个世界的不公平，接受处于下风的自己，你才可能真正地改变。若是连正视自己的勇气都没有，你又怎么有胆量去拼搏？失败的人往往输在勇气上，认为自己不行，却又没有胆量去承认，所以当别人否定自己的时候，只会一味地辩驳，却没有什么实际动作。既然已经如此，就应当适应当下的环境，看清自己，然后才有机会去改变自己的处境。

普希金有一首短诗《假如生活欺骗了你》：假如生活欺骗了你，不要忧郁，不要愤慨；不公平时，暂且忍耐。相信吧，快乐的日子将会到来。不要奢望自己成为上帝的宠儿，假如生活欺骗了你，给了你诸多不愿接受的现实，那么请接受普希金的忠告吧，不要忧郁，也不要愤慨，相信快乐的日子总会到来。

「 一无所有，所以一无所惧 」

我们降生的那一刻是一张白纸，日后的人生我们为它填充了不同的色彩，赋予了它不一样的内容。有人或许在想，有些人出生的时候有着好的背景，自己在起跑的时候就已经落后了，若是有着这样怯懦的想法，你将永远追不上对方的脚步。

其实，一无所有也是一种财富，它让人产生改变命运的激情；一无所有也是一种资本，让我们拥有了无牵挂、轻装上阵的心态。当环境把你逼到了一无所有的境地，不要怕，这是一种"恩宠"，实际上就相当于给了你一把挖掘宝藏的锄头。有句话说得很好，当你身处最低谷时，无论向哪个方向努力，都是在向上。

一位大师让三个徒弟上山砍柴。临出门前，给大徒弟带上了一把伞，以防天气有变；给了二徒弟一根拐杖，告诉他山路不好走时可以用得上；而最小的徒弟却从师父那里什么也没有得到。

小徒弟不免伤心噘嘴，小声嘀咕说："我最小，本该受到最多的照顾，可师父却这样对我……"

大师早就看出了小徒弟的心思，却含笑不语，只让三个徒弟赶紧上路。

傍晚时分，三个徒弟各自归来，都背回了两大捆柴。但大徒弟却被中午开始下的雨淋得浑身湿透；二徒弟跌得满身是伤；唯独小徒弟却安然无恙。

大师把三个人叫到了一起，三人见面后对彼此的结局都颇为诧异，不禁说出了各自的情况。拿伞的大徒弟说："当天空开始飘起零星小雨时，我因为有伞，就大胆地在雨中走；可当雨下大的时候，我却没有地方也腾不出手来撑伞了，所以被淋得湿透了。但当我走在泥泞坎坷的路上时，我知道自己手里没有拐杖，所以走得非常小心，专挑平稳的地方走，所以竟没摔一个跟头。"

接着，带着拐杖的二徒弟说："我正因为自己带了拐杖，所以当走到沟沟坎坎的地方时，便毫不在意，没想到竟常常跌跤。但是，当大雨来临的时候，我知道自己没带伞，所以尽量拣那些能躲雨的地方走，身上自然也就没有怎么被淋湿。"

这时候，小徒弟似乎明白了师父的用意，有些激动地说："我知道你们为什么拿伞的被淋湿，带拐杖的跌伤，而我却安然无恙的原因了！当大雨来时我躲着走，路不好走的地方我便格外小心，所以我既没淋湿也没有跌伤。"

大师仍然像刚出发时一样，慈爱地看着小徒弟，又转向大徒弟和二徒弟，对他们说："你们的失误就在于，你们有了自认为可以依赖的优势，便觉得少了忧患。"

　　许多时候，我们并不是跌倒在自己的弱项上，而是在自以为有优势、绝不会出任何问题的地方出了差错。往往，弱项和缺陷能让人保持足够的警醒，而优势则容易让人忘乎所以。在困境之中，大多数人都会下意识地千方百计寻找救命稻草。然而，心理上的依赖情结越是严重，做起事来就会越马虎。更严重的是，也许困难最终得到了解决，可我们自己却没有从中学会任何面对困难、解决问题的经验，从而在依赖中错失了一次有助于成长的好机会。可以说，拥有的东西越多，顾虑越大。相反，若一无所有，反倒什么都能豁得出去了。

　　拥有的东西越多，开创新的事业时需要放弃的东西就越多，不少人就难以割舍，从而空幻想一场。

　　记者在以色列采访时，从外交官到商贸工部官员，再到成功的企业家，都众口一词地认为"我们成功的秘诀，真的就在于我们一无所有"。

　　从经济社会发展的自然条件来看，以色列真的可谓是"一无所有"：国土面积小，国土资源质量也不高。他们没有邻国引以为豪的石油，有的却是占国土面积一半以上的沙漠和半沙漠地区。

　　可是，贫瘠的自然资源让以色列人更加重视发挥人的作用。他们把科技作为立国之本，注重科研成果在经济社会发展中的转化，在各个领域都体现出高科技含量和精细化经营。比如，以色列严重缺水，但他们的节水灌溉和旱作农业技术却因此而举世闻名；废水复用、人工降雨、海水淡化等非传统水资源的开发利用也相当成功；在水资源管理的很多具体细节上，都做到了世界最好的水准。

在我国也有不少地方资源稀缺、信息闭塞，用传统的眼光看来，可谓是"一无所有"。但如果能像以色列一样，充分发挥人的智慧和能动性，把"一无所有"变成自身发展的动力，同样会推动经济社会的健康发展。比如浙江温州，人多地少，缺少自然资源，但温州人却创造了以加工制造业和民营经济为特色的温州模式，成为全国发展的楷模。

从辩证的角度看，"优势"和"劣势"是对立统一的，相互依存又相互转化。从来没有绝对的"优势"，也没有绝对的"劣势"。资源丰富的地方，往往产业结构单一，经济对资源的依赖性较强，反而限制了其他产业的发展；资源缺少的地方，却往往能形成一些对资源依赖程度小的可持续发展的产业。

所以说，"一无所有"在某些时候也是一种优势。正是因为一无所有，才会有那股甩开膀子放手干的豪爽气概，才会有不顾一切的内在驱动力，这也是改变命运的关键之所在。

我们不要再为自己的一无所有、一穷二白而灰心叹气了，上天是公平的，它剥夺了我们的一切，也会为我们准备好意想不到的另一种"恩宠"。

「 人生需要被不断眺望 」

"我想成为很幸福的女性，被人宠爱，生活很舒适，有各种精神和物质的享受，而且都达到比较高的层次。物质上，所谓高，绝对不是穿名牌，而是身体没病，永远是舒适的感觉，自由自在的，欲望能得到满足。精神上，读有趣的书，写有趣的书，听美的音乐，看美的画，观赏令人心旷神怡的风景，和喜欢的人在一起……总之，我希望让自己生活在快乐之中，其他的一切都不必追求和计较。"

这是著名社会学家李银河女士的一段话，短短不到 200 字，却勾勒了一位女性对人生的终极追求。这段话其实适用于一切对人生质量有要求的人，它的核心是不低俗、不放纵、有目标、有快乐。有这样明确的愿望，才可能专注于自己的事业和生活，放下不相干的烦恼，抛弃消极的想法，一心提高自己的修为。换言之，人生需要眺望，而不是沉沦。

眺望是对自我的超越

人很难对自己满意，特别是那些消极的人，对自己处处不满意，挑剔自己的外貌，挑剔自己的身高，挑剔自己的口才，挑剔自己的运动神经，挑剔性格、习惯、能力等和自己有关的一切。他们看着别人，感觉别人的世界那么精彩，别人的条件那么好，别人的优点那么出众。其实别人未必更好，只是消极的人总把自己放在一个更低的位置，看谁都比自己高。

此时应该培养眺望思维，在高处观察自己，全面客观冷静，而不是偏执又情绪化。你有过失败却也有过成功，有缺点也有优点，在公平的标准下，你的人生是平整的，甚至小有成就，你并非如自己想的那样一无是处。这样的认知与自我理想结合，你能够看到自己未来的形象，那一刻你超越了自我，清楚地看到了自己必须走的路。

眺望是对生活的超越

人生下来就有好奇心，在山脚下想知道山峰上有什么，在山峰上又想知道下一座山有什么，这种好奇奠定了我们生命的基调——不停跋涉，不断探索。可惜这种探索的意图常常在生活趋于稳定之后停顿。不是人们的好奇心变弱了，而是忙碌的生活让他们无暇关注生活之外的东西。因此一天比一天忙乱，一天比一天琐碎，即使休息也惦记着家务，即使旅行也想着未完成的工作。没有新鲜的见闻，没有感人的经历，只有不断重复的平凡生活，灵魂钝化了，思维僵硬了，人们对自己的评价越来越低。

有时候消极并不会通过特别大的情绪波动来显现，它只是让人麻木，让人相信平淡无奇就是生活的本来面目，相信自己只适合做一个俗人。当你发现自己的麻木时，你需要抛开生活眺望，回头看看曾经的自己好奇什么，追求什么；再看看前方有什么，什么东西让你激动，吸引你摆脱平凡。眺望，就是对生活的反思，通过思考让每个人重新定位生活。

眺望是对目标的超越

什么时候开始，我们的目标变得越来越低。最初，我们说的是理想；然后，我们说的是打算；最后，我们只剩下一个最基本的目标，也许是月末按时完成任务，也许是月初如数拿到工资。我们抛弃了更大的目标，认为它们不切实际。我们甚至嘲笑那些依然拥有理想的人，认为他们在做白日梦。这一切是因为我们站在谷底、井底、金字塔最底层，不敢梦也不敢想，我们害怕受到同样的嘲笑，更害怕幻灭和失败。

会当凌绝顶，一览众山小。古人的诗句里包含着眺望的豪情，这是真正的人生理想。而我们所说的低谷，是攀登之前必然要经历的。人生就像山峦一样起伏，我们的情绪如果始终在消极的低谷里徘徊，就不可能看到高处的风景。所以不妨在现实基础上把目标提高，把步调加快，有了更高的位置，你才能眺望，才能确切知道现在的生活，离你曾经的理想有多么遥远，才能下定决心奋起直追。

　　人生应该有更高的追求，更多的快乐，更好的享受，每个人都应该有这样的追求。学会眺望，看更多的风景，更多的人，更多的路。生活有更多的可能，你会遇到更好的人，通向目标的道路不止一条，眺望，让你的心胸更加开阔，目光更加长远。你渐渐脱离了琐碎，渐渐没有时间消极，你成为一个自信的人，向目标迈出了第一步。

「 希望改变我们对未来的期待 」

"怯懦囚禁人的灵魂，希望才可感受自由。"这是电影《肖申克的救赎》里主人公安迪所说的一句话。

也许，现实生活的残酷远没有电影结局所表现出来的画面那般动人，但当我们面临人生困境的时候，是绝望还是希望，却是可以从中获得的。就像那句话："你不必害怕沉沦与堕落，只消你能不断自拔与更新。"而这种更新的基础，就是内心永远憧憬着未来的希望。它像一扇窗，让我们不再受制于紧紧包裹着的世界，倾听内心，感受自由，体味轻舞飞扬的人生。

安迪在高墙里和瑞德聊天："我希望去墨西哥的一个小岛；我希望去太平洋，用墨西哥语言说，那里叫作'失去记忆的地方'；我希望有一个小旅馆；我希望有几只废弃的小船，然后自己动手把它修好，带着我的客人去海上钓鱼……"

而这里的高墙，就是横阻于灰暗的囚禁和纯净的自由之间的一扇屏障，是肖申克监狱的界限。更多地，它是囚禁人们内心的枷锁。

安迪就是要在这所监狱里残度余生的囚犯。他被指控枪杀了妻子和她的情夫，因此被判终身监禁，从此开始了在肖申克监狱里的生活。安迪并没有杀人，但在监狱里的每个人都声称自己是"被冤枉的"，因此他的申诉显得那么苍白可笑。

肖申克监狱里还有另一名罪犯，是那里的"权威人物"，因谋杀罪被判终身监禁，已服刑 20 年，但数次申请假释都未获批准，他叫瑞德。之所以"权威"，是因为瑞德可以为囚犯们弄来香烟、糖果、酒，甚至是大麻。瑞德答应安迪帮他弄到了一把岩石锤，让他雕刻石头来消磨监狱里的时光。

面对残酷的现实，在 20 年的时间里，安迪利用这把小小的岩石锤挖通了牢墙。终于，在一个风雨交加的夜晚，安迪爬过 500 码的下水道，逃出了牢笼。

重获自由的安迪揭发了典狱长的恶行，并且利用典狱长贪污受贿的钱在太平洋上买了座小岛。后来，瑞德获得假释。在一个阳光明媚的天气里，两位牢友终于在太平洋上那座自由的小岛上重逢。

不管经过多长时间，不管经历过怎样的困境，安迪的希望最终都实现了。因为，他一直相信着自己的未来，不管他生活的环境多么肮脏，他都不认为这是自己人生的终点。有多少人终其一生都没能到达理想的国度，在现实中自怨自艾？其实不是命运不给你机会，而是你放弃了心中的阳光，任由乌云占领了自己的内心，让潮湿的心发霉、腐烂，最终希望也化为乌有。

希望也是一种坚持，你坚信乌云背后有阳光，就可以在漫长的黑暗中默默等待，直到阳光普照，美好到来。

诚然，生活中有太多的东西是不以人的意志为转移的，也有很多时候是令我们失望的。也许，我们做着自己并不喜欢的工作，我们一直没有缘分和自己相爱的人在一起；就连每年过生日或除夕零点时许下的愿望也都不一定能实现。太多的希望都只是在人们双手合十中跳跃，却从来没能进入我们的生活。

然而，那长存于我们每个人心中的自由和希望，是如此迫切地需要救赎。这就如同需要一个公正的上帝，来通过安迪，安慰和拯救更多的灵魂。

在囚犯们外出劳动时，安迪争取了警卫队长的信任，通过自己的会计专长为大家赢得了两箱冰镇啤酒。囚犯们兴高采烈地喝着久违的啤酒，而安迪只是坐在一旁微笑着注视着这一切。

就连瑞德都说，那一刻，"我们坐在春光下喝着啤酒，像自由人在修理自家的屋顶一样，我们是万物之主"。

其实，安迪冒着生命危险想要赢取的，绝非这区区两箱啤酒。他从来不曾放弃的，是他自己和其他囚犯自由的感觉，哪怕这种希望只有一点点。

从这个细节我们不难看出，尽管自己身陷冤狱，尽管自由已经被剥夺殆尽，但是安迪却从未丧失信心，一直对未来充满希望。影片中说："有一种鸟是永远也关不住的，因为它的每片羽翼上都沾满了自由的光辉。"

安迪第二次做出惊人的举动是在播音室里，他通过高音喇叭向囚犯们播放了歌剧《费加罗的婚礼》，让整个肖申克监狱都为之震撼。也许他们"听不懂意大利女士唱的是什么，也根本没想听懂，因为有些东西无须言语来表达"。

但是，音乐却从麦克风中穿透出去，华美的女高音带着空灵的自由在高墙内飞翔，那一张张曾经写满罪恶的囚犯们的面孔，还有平日里穷凶极恶的狱警们的面孔，都在这一刻变得虔诚而高贵，听着这涤荡灵魂的天籁之音。

音乐让"每一个人都相信，那是世界上最美好的事物，美得无法用语言描绘，美得让人心痛。歌声高亢悠扬，超越了囚犯们的梦想，就像一只美丽的小鸟飞进了高墙，使他们忘记了铁栏的束缚。此时此刻，肖申克里的所有人都感受到了自由"。

在最易磨灭希望的监狱里，安迪用这些方式提醒着自己和身边的人们——这世上还有无法用高墙铁栏围起的地方，这是任何人都无法随意触摸的：这便是存于每一个人心底的希望！只要有希望，一切就都有可能。

6年里，安迪每周给州长写一封信，希望得到捐助扩建图书馆。开始人人都说不可能，但他最终建成了全美最大的监狱图书馆，让囚犯们可以接触到外界的知识。在辅导年轻囚犯考取高中文凭时，安迪将对方揉烂的试卷从废纸篓中拾起，寄出，最终使对方获得了文凭认证。

其实，每个人都是自己的囚徒，人们在自己的心外围建起了不可逾越的高墙，在上面设置了电网，暗示自己不能逾越，这或许是一种自我保护，但也是一种自我封闭。没有绝对的绝境，只有相信绝境的人。

希望让人自由，只要心存希望，就没有过不去的狂风和暴雨。相信希望，就是给了自己一个光明的未来！

「 对世界理解的视角，决定你的心态 」

即便每个人的人生轨迹大不相同，但总离不开幸运与不幸的喜忧参半。那些消极的人总是从绝望的角度来看问题，为接下来的失败埋下伏笔；而那些积极的人却凡事习惯从好的角度思考，积极行动，结果自己的人生反而绚丽多彩起来，为成功做好了铺垫。

在这世界上，很多事情本身并无所谓好坏，全在于你怎么看。凡事多往好处想，心自然会豁然开朗，心胸也将变得豁达、宽阔。时常发现和体悟生活中的美好，心中便是一片朗朗晴空。遇到问题时，换个角度看待，你会发现事情远远没有想象的那么糟糕，许多难题也都能迎刃而解。

俄国作家契诃夫曾经写过一篇题为《生活是美好的》的文章，其中有这样一段话：要是火柴在你的衣袋里燃烧起来了，那你应当高兴，而且要感谢上苍，多亏你的衣袋不是火药库。要是有穷亲戚到别墅来找你，你不要脸色发白，而要喜洋洋地叫道：挺好，幸亏来的不是警察……

从这样的角度去想，那些小小的烦恼是否也不值一提了？

生活中很多事情都是这样，与其绝望悲哀，愁苦抱怨，倒不如换个角度，凡事多往好处想，心情自然也就会跟着转变，还可以将不幸造成的损失或不良后果降到最低，甚至有可能影响事物发展的方向，改变自己的不利处境。

一家有两个儿子，虽是孪生兄弟性情却大相径庭。哥哥对任何事物总是很乐观，弟弟却常常流露出悲观消极的样子。爸爸想中和一下他们的差异，于是把两个儿子分别关进两间屋子。这位爸爸给了小儿子一堆五颜六色的玩具，给了大儿子一堆牛粪。

过了一会儿，爸爸打开小儿子的房门，看到小儿子没有玩那些新颖的玩具，而是泪流满面地坐在地上。爸爸问他原因，小儿子抹着眼泪告诉爸爸：玩具太好了，但是玩就会玩坏，玩坏了怎么办？

爸爸又去打开大儿子的房门，发现他正在牛粪堆里挖洞，于是问他在做什么，大儿子顾不上擦去脸上的汗水，一边挖一边满怀信心地笑着告诉爸爸：我想知道玩具是不是藏在牛粪里……

不同的心态决定了我们看待问题的角度，而看问题的角度则决定了我们在面对人生境遇时所体会到的幸福或痛苦。我们都希望自己的人生是在那个放满了玩具的房间，可是有时候命运偏偏将我们关进只有牛粪的房间；我们不能选择自己人生的境遇，但我们却可以选择看待人生的角度，是守着玩具依然哭泣，还是即使面对牛粪依然乐观。

乐观是一种生活态度，更是一种勇气。在阳光明媚的天气中感受温暖不是难事，但在风雨中，便能看出人与人的差别。悲观的人想的是天气的寒冷，乐观的人会期待风雨过后的彩虹。就算人生路上有很多坎坷荆棘，但这都只是暂时的，不过是人生的长河中一处小小的浅滩，我们会在那里稍微停留一下，但不会久居，我们的目标永远是那无垠的大海。

在电影《监狱风云》中，名叫亨利的男子是一个笑口常开的人，没有任何事情能够破坏他的心情，没有人能以任何方式夺走他的快乐。当亨利被误判入狱时，所有狱官都看他不顺眼，常常找他麻烦。

有一次，狱官用手铐将亨利吊起来，这是一种令人非常痛苦的虐待方式。但是，亨利却没有大喊冤枉，也没有义愤难平，而是笑着对狱官说："你们对我太好了，谢谢你们治好了我的背痛。"

之后，狱官又将亨利关进一个因日晒而高温的锡箱中，本以为这样的折磨一定会让亨利痛苦求饶。可是，当他们放亨利出来时，亨利竟然还能在脸上挂上一个大大的笑容，说道："噢，拜托再让我待一天，我正开始觉得有趣呢。"

最后，狱官将亨利和一位重三百磅的杀人犯古斯博士一同关进一间小密室。古斯博士心情抑郁，他的凶恶在狱中十分有名。然而，令人惊讶的是，亨利居然和古斯博士谈笑风生，还无比快乐地玩起了纸牌。

世界上没有绝对的坏事，事情的好坏往往只是由我们的心态所决定。亨利也只不过是选择了从好的角度来看待自己的处境，没有让自己的情绪受外在因素影响。

我们其实也同样可以，不让外界因素左右我们的心情，快乐或痛苦取决于我们自己的内心。当遭遇悲伤的事情时，及时转换心态，让自己时时保持阳光心情。无论在任何时候，只要你选择以好的心态来面对事情，事情也会向你展示出它美好的一面。

「 越逃避恐惧，越容易被恐惧困扰 」

恐惧是一种情绪，每个人都有，但恐惧也不仅仅是一种情绪，有的人经历过后就算了，而有的人却将恐惧转化成了心里的阴影，惧怕一切，躲避一切，最终勇气被恐惧吞噬，没有胆量去做任何事。

实际上，恐惧并不会因为你的躲避而离开，相反它会时时找上门，打压你、恐吓你，让你无所遁形，无从前进。但若是你无视它，用勇气迎接它，那么你们的立场就转变了，恐惧最终会被你压制。

恐惧的特征就像是一种尚未来临的危机，它往往寄生于尚未触摸到的将来中，往往人们对危险的惧怕要比危险本身更可怕。如果我们无法从自己内心中真正克服恐惧，那么这个阴影就会一直跟着我们，变成一个怎么也无法摆脱的噩梦。

这就好比对失败的恐惧一样，只是这样的恐惧除了来源于失败，同样也来源于其他方面。

这是一个与世隔绝的小村庄，生活在这里的人祖祖辈辈都没有离开过这里，也从来都不了解外面的世界到底是怎样的。原来，村里唯一和外界联系的道路，被一只凶残巨大的怪物占据着。村里流传着一句告诫就是：无论如何都不要靠近怪物，要不然只有死路一条。

在保罗还是一个很小的孩子的时候，就常常听到祖母的告诫："千万不要靠近山里的出口，那里有着一个可怕的怪物。"然而随着年龄的增长，已经长成一个健壮小伙子的保罗对外面的世界越发好奇和向往。他开始一次次地计划着如何去打败那只怪物。

保罗拥有技艺超群的箭法，就算是村里的老猎手也比不上他。保罗觉得自己完全可以打败那只怪物，但是他的这个想法却遭到了全村人的反对。他们觉得一直以来都和怪兽相安无事，保罗如果去挑战怪兽，势必会被怪物吃掉。

大家的阻拦并没有让保罗放弃，他还是想要去试一下。于是，等到天黑以后，保罗趁着大家熟睡的时候，悄悄地带着弓箭出发了。

在快要到达山口的时候，保罗感到十分的紧张，他看到远处有个巨大的影子在不停地晃动，而且样子看起来非常凶猛。保罗的心里开始有点害怕了，但是转念一想，既然已经来了，无论如何都要试一下，于是，他勇敢地朝着怪兽走去。

可是，当保罗接近怪兽的时候却呆住了，原来所谓的怪兽只不过是一只蜥蜴而已。

因为村里流传下来的告诫："千万不要接近怪物，否则必死无疑。"因为对"怪物"无比恐惧的心理，村里的人从没有走出过大山。后来因为保罗的勇敢才揭开了这困扰了祖祖辈辈的怪兽的真面目。从此以后，村里的人终于可以走出大山了。

生活中同样也是如此，知难而进是一种精神，如果只是因为听说，或者在模糊的印象中将"对手"无限扩大化，继而犹豫和恐惧感将会使自己备受困扰。

生活中，有人恐高、有人晕血，大家会觉得这是小事情，但是如果通过自己的努力可以直面这样的恐惧，那么将会使人一瞬间成长。

我们不妨再来看一位资深滑雪教练的授课心得：

"我在教学员们滑雪的时候，有很多从来没有穿过滑雪板的人总是害怕自己从高坡上冲下去的时候，会因为速度过快而无法停止，或者害怕因此而摔倒。他们总是不停地在自己的脑海中想象着各种各样的可怕场面，因而形成了一种对滑雪的恐惧。到后来，他们就真的不敢滑雪了。通常这个时候，我帮助学员们克服恐惧的方法非常简单，就是我亲自去实践他们脑海中的恐惧场景，并要求那些初学者在一旁观看整个实践的过程。也就是说，如果有人害怕速度太快而无法停止，我就会向他们演示在什么情况下是没办法停止的。最后再演示如何做就可以停下来。"

这样一来，通过别人的演示而重现恐惧，我们就会明白所谓的恐惧其实只是我们自己想象出来的。实际上，那些事物的本身并没有我们想象中那么复杂。只有通过实际行动才能改变人们的思维，也就是所谓的"直接面对"。

滑雪教练的心得告诉我们，大多数时候，人们的恐惧是因为自身的弱小而产生的。因为弱小，就会让人感到不安全，觉得自己的利益得不到可靠的保护。而利益是自身的一层保护膜，利益得不到保护，自身也就会感到不安全，并进一步产生恐惧。

所以多半的人都会选择逃避。但是要知道逃避并不能将恐惧消灭掉，它总会在不经意的时候跑出来困扰你，让你夜不能寐、食之无味。如果你愿意尝试去直面恐惧，你就会发现不一样的自己。

在恐惧面前，你应该正视自己、增强自己的信心、沉着去面对，这才是人生。而想要获得生命中美好的一切，首先要做的就是准备，而不是心生畏惧。成功路上会有无数的荆棘，若是你连基本的勇气都没有，不要说成功了，前进都是不可能的事情。真正的强者从来都不是天生就拥有超凡的能力，而是因为他们具有百折不挠的毅力和勇气。如果不想做一个懦弱的人，就勇敢地面对将要经历的一切。

「 没打败你的挫折，终会让你更强大 」

在送别时，人们常常喜欢用"一帆风顺"来做最后的结语。但是自然界的常识告诉我们：只有风帆直面风浪的时候，才会走得顺利。其实，那些人生中的挫折就是吹向风帆的风，只有坚持住，直面它，才有可能顺利地前行。成功后不偏离最初的梦想，受挫后不迷失坚持的方向，这也正是一个成大事者的气度。

常常有人抱怨自己的一生不如意，总是遭受各种无端的挫折，而一旦陷入这样一个循环中，那么越来越多的不如意也就会不期而至。有很多人习惯将人生比作一场旅行，那些不经意经历的挫折，在很大程度上都可以看成旅行中的岔路，只有历经这些岔路之后，才能找到正确的前进方向。

熟悉瓷器行当的人都知道，绝顶的瓷器是有着灵性的，它体现的是烧瓷人的性格。而台湾的一位著名陶艺师以其20年来对陶艺的坚持与喜爱，并不断地向前辈、大师学艺，历经无数次的挫折和失败，最终形成了独具一格的作品特色。

在陶瓷艺术中，这位陶艺师是一名十足的"痴人"，艺术已经完全融入了他的生命中。他总是强调自己的名字中带有火字旁，他也很在意这个火，"都说炉火纯青才能让瓷器摇曳生辉"，与传统的瓷器烧制方式有所不同，他通过改变火在窑炉中穿行的过程来烧制别具一格的瓷器。

在材料方面，他也不同于传统的柴烧方式，而更多地运用燃气窑、电窑等多种方式来保证他想要的温度。特别是他最钟爱的小口瓶瓶口的直径只有 0.1 厘米，工艺难度非常高。根据这位陶艺师的介绍，这样的瓶子，通常来说，烧 10 个，其中 9 个都会以失败告终。可正是因为这样的工艺难度，才让他往往要埋头于自己的工作室不断地寻求改进的方法。在他看来，正是这一次次的挫折让他不断地逼近完美，一次次的失败最终让他成型的作品散发着迷人的光辉。

陶艺师的坚持来源于他对挫折的理解，来源于对成功信念的不放弃。即便烧制一个自己心仪的陶瓷作品成功率是如此的低，但他坚信自己有能够看到完美作品的那一天，最终他的作品慢慢接近完美。若是一心想着求稳，不肯努力，更不肯直面挫折，那么你的人生就是一个随处可见的瓶子。但若是你将这些挫折看作完美的原材料，那么最终你一定能创造出惊世之作！

出生在贵族家庭中的巴威尔·利顿爵士，原本完全可以凭借着家

族中的财富享受着自由自在的奢华生活，但是他最终却选择了写作这样
一个职业。众所周知，职业写作并不像外人想象中那样的清闲，它完全
是一个苦差事，还经常需要熬夜，所以当时他的选择遭到了众多人的质
疑。很多人认为他完全是哗众取宠，觉得以前没有丝毫文学才华表露出
来的他只是为了满足自己的好奇心，体验一下生活而已。但是，只有巴
威尔·利顿本人才知道他坚持这样做是为了什么。

经过夜以继日的煎熬，巴威尔终于创作出了自己的首部诗集《杂
草和野花》。然而，这部凝结着他的心血的作品却被当时的文学界视为
毫无价值。一位文学评论家甚至讥讽道："这就是真正的'杂草和野花'，
巴威尔那个家伙还真是自不量力，以为凭一句'啊，美好的生活'就能
够进入作家行列，实在是太可笑了。"

第一部作品的失败使得贵族出身的巴威尔成了当时文学界最大的
笑料，但是他并没有选择放弃，而是将他人的批评看作对自己的一种激
励。于是，他继续埋头创作，过了一段时间后，他的首部小说《福克兰》
问世了，令巴威尔感到沮丧的是，这又是一部失败的作品。在经过这次
的打击后，一些看不惯他的人对他的嘲讽就变得更加肆无忌惮了，认为
他根本不可能在文学上取得任何像样的成就。

可是，连续两次的失败并没有让倔强的巴威尔消沉，他仍然笔耕不
辍，坚持继续写作。或许正是这种倔强让巴威尔的文字慢慢有了灵感，
一年以后，巴威尔发表了自己的第三部作品《伯尔哈姆》，这部作品一
问世，就得到了广大的评论家以及读者的好评，成为一本大家都津津乐

道的好书。

　　从失败的阴影中走出来以后，巴威尔继续着自己的文学创作之路。在以后的写作生涯里，他又发表了许多优秀作品，并为广大读者所喜爱。

　　爱默生说：每一种厄运，都隐藏着让人成功的种子。在一次次的挫折中，巴威尔没有被挫折打败，而是在挫折中找寻到了正确的方向。

　　温室里的花朵即便再鲜艳，它也没有经历风雨后的残花有魅力，一个不历经挫折的人，很难体会到百转千回后柳暗花明的喜悦。

　　挫折是成长之中的常态，它让强者穿越迷雾，也让弱者无所适从。无论一个人多么不愿意面对挫折，但是要想成就一番事业，就必须学会在挫折中默默地忍耐，学会在挫折中渐渐地辨明方向，学会在挫折中慢慢地积蓄力量。展望未来自会苦尽甘来，犹如鲲鹏展翼，扶摇直上。

「 认识你自己：其实你已经足够好 」

入职培训两个月，公司招聘的新人们每天不是听前辈们讲课，就是去车间参观，有时还要写报告，这批新人大学刚毕业，看一切都新鲜，脸上还留着学生时代的稚气。公司每年都要在入职培训上下大力气，花费不菲。数据显示，培训能够使新员工最大限度摆脱学生思维，树立职业意识，了解公司运作，减少工作初期的错误，利大于弊。

负责培训的老师大多是公司各个部门的领导，也有外聘的教授和专门的技术员，课程五花八门，还有礼仪课和心理课。这个心理课又名"职业心态调整"，讲一些简单的心理学知识，主要目的是帮助新人转换心态，了解个人能力，确立职业目标。这一课程一直由人力资源部的姚女士主讲。姚女士性格沉稳又不乏幽默，很受学生欢迎。

姚女士不只讲课，还会给员工们做各种性格测验和职业心理测验。公司对员工的管理十分科学，这和对员工的心理把握密不可分。在这些新人中，姚女士发现一个叫白彩彩的女孩，这女孩对自己非常不自信，在一群雄心勃勃的新人中，显得十分沉默，甚至畏缩。姚女士与女孩谈话，了解到她出生在一个教育家庭，亲戚几乎都是老师和教授，儿女基因一个比一个好，她个人成绩虽然优秀，但在这一群人中却是最差的，从小就听父母夸奖别人家的小孩，使自己根本抬不起头。

姚女士极有经验，她没有鼓励白彩彩尽快摆脱自卑，而是想出一个别出心裁的办法。培训进行过半，这天恰好是白彩彩的生日，姚女士找到学员们选出的班长，对他吩咐一番。班长写了一张纸条："今天是白彩彩的生日，每个人都对她说点什么吧！"然后，他把这张纸条传给身边的人，纸条绕过白彩彩，依次传下去，最后回到班长手中。

当天，大家在食堂为白彩彩庆祝了生日，姚女士特意订了个蛋糕，并把那张纸条当作礼物送给彩彩。彩彩回到家才有机会打开，她看着看着，几乎流出了眼泪。

"彩彩，你特别安静，我一直把你当成古典画里才有的女生！"

"彩彩，你太牛了，那些日文弹幕你能直接翻译，你还根本不是学日语的，我特佩服你！"

"彩彩，我对你印象特别深，你经常主动留下来打扫教室，而且从不宣扬，特有素质！"

"彩彩，下次说话能别低头吗？我特别喜欢看你的眼睛！生日快乐！"

白彩彩从来没想过，原来在别人心中，她有这么多的优点，以前，她总觉得自己无趣，说话干巴巴，没有魅力，除了学习好点没有别的特点，看到纸条上的一句句赞美，她突然对自己有了自信。那一刻她特别感谢姚女士，也感谢她这些温暖的同事。

你知道自己在别人眼中有什么样的形象吗？一个有消极心理的人，总是下意识地把自己想得糟糕，比别人更留意自己的缺点，甚至只盯着自己身上的不足。他们的思维局限在缺点上，看到的自然是自己的失败，以及因缺点带来的不如意，完全忽略了自身的优点。消极的人对自己从来没有明确的认识，只会不断把缺点扩大，把优点缩小。

但一个人怎么会没有优点？懦弱的人吞吞吐吐，但他们脾气好，不会轻易伤害别人；敏感的人心思细，观察力比一般人要好；性格冲的人虽然直来直去容易惹事，却不会犹豫不决没有决断……辩证地看问题，优点和缺点相对相生，人会积极，是因为他们能够平衡自己的优点和缺点，扬长避短。人会消极，是因为他们根本了解不到缺点经过改造也可以变为优点。

想要真正改变自身的心理状态，首先要了解自己的优点和缺点。积极自信的人应该警惕地挑出缺点进行改正，消极的人则应该尽量了解自己的优点。优点不只是性格上的、习惯上的，还有能力上的、资源上的，只要充分认识到自己的优势，人就能很快树立自信。

但一个人很难通过自己确定优缺点，就像无法在镜子里看到自己的全貌。温和的人会认为温柔只是一件再平常不过的事，甚至觉得自己因为温柔吃过不少亏，根本不把它当作一项优点。却不知有多少人喜欢他们的笑容，喜欢听他们温言细语的开解，这项优点给他们带来了多少朋友。混淆了优点和缺点的界限，是人们了解自己的一大难题。

所以还是该听听旁人的意见。如果不好意思直接问，完全可以旁敲侧击，问问对方为什么会和你做朋友，问问别人对自己有什么意见，只要留心收集，你会得到很多关于自己的信息，而且大部分都是优点——毕竟，没必要的时候，人们不会出口伤人。至于这些信息的可靠性，还要由你自己来判断筛选。

来自同龄人的信息很重要，他们有和你相似的成长环境和世界观，还与你多有接触，得出的结论大多符合现实。同样重要的还有来自长辈的信息，特别是那些可靠的、阅历丰富的师长，他们用自己的人生经验分析你，得到中肯的结论。而且，他们不愿让你多走弯路，不会骗你。

自己对自己也要有积极的评定，不妨多想想你拿手的东西，而不是整天想着你不会做这个也不会做那个，笨死了。世界上的事物那么多，能有几个绝顶天才事事拿手？能够做好一件事、几件事，已经是了不起的成就了，千万不要对自己有不切实际的要求。

当你心情消沉的时候，就想想你的优点，想想别人口中的你的可爱之处，那些闪光点将会激励你，带给你存在感。你肯定不想辜负他们的赞赏，也肯定希望将这些优点发扬光大。这时，你就有了动力，有了目标，也有了勇气。每一个消极的人都应该放下对自己的不公正，客观地比较，仔细地聆听。其实你很好，只是不自知。

PART – ❺

不再贪图舒适，不再惧怕改变

　　自我舒适区，指一个人所表现的心理状态和习惯性的行为模式。在舒适区内，一个人能获得极大的舒适感和安全感；离开这个舒适区，人就会不安，会疲惫，会不知所措。

　　然而，舒适区并不是人们想象中的避风港，而是帮人们逃避现实的不可靠的避难所。

　　不从自我舒适区里跳出来，你就可能会不断退化，甚至变得不能适应这个世界。

「 理想遭遇现实，不逃避的人才能成长 」

赵小民关掉电脑，迅速出了公司赶地铁。他在地铁口随便买了份快餐带回家，这是他每一天的晚餐。他正在为考研做准备，白天工作晚上复习，一分钟都不能浪费。他不知道离开学校三年，还有没有机会回去。如果有机会，他一定争取留校，外面的世界实在不适合他。

赵小民怀念他的大学生涯，他是几个主要老师的得意门生，还是学生会的干部，有不少女孩子喜欢他，身边还有很多哥们儿。因为成绩好，他在学校做什么都顺利，即使他在人际交往上不那么灵活，脾气有点固执，别人也会宽容他。可以说，他在大学那四年，是他人生中最舒服的四年。

他也有过创业的梦想，他的计划是大学毕业先进一家公司积累经验，过个几年自己出来单干。因为有这个打算，所以他拒绝了学校的保研资格，大踏步地开始了他的新生活。

没过几个月，他就被现实泼了冷水。他进的是一家大公司，人才济济，他这个大学时的高才生，在一堆高才生里根本不算什么。其他人不但成绩好，还有各种特长，总之，他们都比赵小民更适应社会，得到的机会比赵小民更多。

赵小民也试着向他们学习,无奈他既不会应酬,还总和同事有摩擦。有时候他需要拿着公司的产品去给客户演示,他一紧张,笨嘴拙舌说不清楚不说,还忘了很多信息点,导致客户不满。他还曾被客户投诉过。赵小民哪里经受过这么多的失败,一时间对自己失去了信心。

然而情况并没有好转,赵小民好不容易习惯了工作,却发现同期进来的新员工早已经走到了他的前面,有的甚至跳槽去了更好的公司。赵小民的业绩一直一般,能力虽然在提高却一直不够出色,他一天比一天郁闷。上司性格严肃,不太爱给人好脸色,这让赵小民更紧张,总觉得没多久自己就会被开除。

患得患失的日子过久了,赵小民便更加怀念大学时代,那时候多好啊,根本没这么多烦恼。他为什么不考研,不留校做个老师?虽然工资不高,但活得舒服,不用这么累。他突然想放弃工作回学校。又过了一段时间,他因为精神总是不集中,弄错了程序,被上司训了一顿,这让他下了考研的决心。

赵小民联系了过去的老师,买了教材,每天刻苦读书,经过大半年奋斗,终于通过了笔试。至于面试,根本不用担心。他终于回到了梦寐以求的校园,并像他希望的那样留校了。这时他已经快到而立之年了,他的工作是学生辅导员,偶尔带带课,想要职称,还需要努力几年。

接着婚姻问题摆在了眼前,前几年他忙得没时间交女朋友,现在他工作才刚刚起步,找女朋友真不容易,只能拖着。这一天学校开毕业生招聘会，他组织学生参加，刚好看到了以前的上司。从上司那里他得知，当年上司一直很看重他的能力，已经准备帮他升职，没想到他突然辞职了。上司一边说，一边摇头。

赵小民听了，摇摇晃晃，险些摔倒。他突然不明白了，自己为什么还要回这所学校。

了解了舒适区，我们不难知道，所谓舒适区是心理上的避难所，用以抗拒现实世界里自己不想接受的一切。现实世界远不如我们想象得那么美好，路途是遥远的，紧赶慢赶总是很难达到目标；环境是有压力的，需要改变自己的个性去迎合；人心是复杂的，人与人的交往或多或少带着利益的冲突；工作是劳累的，似乎永远做不完；想要做什么事总是没时间，一再耽误……我们每天都要面对这些现实。

所以我们需要休息的地方，需要温馨的家，甚至给自己制造出心理上的舒适区。这个舒适区的原理很简单，从自己的理想处找一些碎片，勉强拼在一起，就像故事里的赵小民，他想要工作顺利、生活顺心、看得到稳定的前途，于是回到曾经风光过的校园。他的生活不好吗？从某种意义上来说，他过上了自己想要的生活，那么他为什么后悔？

因为人的理想终究在现实之上，一个人不会甘于某一种现状。一旦进了舒适区，就再也不能进步，生活平淡又重复，丧失了理想和激情。

如果不是太胆小，不是心理承受能力太差，谁能一直躲在舒适区里？偏偏这样的人太多了，有些人甚至把舒适区当作了目标。

人之所以会对现实产生畏惧，是因为现实与理想的差距实在太大了，大到他们连站都站不稳，连连摔跟头。被摔怕的人只能躲进舒适区里，至少那里安全。有句话说得好，理想很饱满、现实很骨感，不论你有多么大的梦想，只要接触现实生活，你都会觉得失望，觉得烦恼。对待这种落差的态度，导致了人与人的不同。

有人执着地缩小这段落差，有人执着地寻找舒适区，在一个较长的稳定时期内，二者似乎都很努力，都有所成就，后者甚至比前者更为稳定，更让人羡慕。但过了这个时期，你会发现前者不断进步，很快到达了普通人无法企及的高度；后者止步不前，可以预计一生只能如此。这是因为舒适区并不那么容易找到，需要付出一定的努力，找到后虽然能给人舒服，却从此将人限定在一个区域内，很难再有突破。

除非，这个人愿意主动打破。

同样是努力，同样是劳累，为什么不去寻找更高的地方，而只去找一个禁锢自身发展的舒适区？想要躲进舒适区的时候，不妨想想你迄今为止的努力，也许再坚持一下，再多走几步，你的人生就会跃上一个新台阶。如果你放弃，你会安全地降落在软绵绵的舒适区，睡上一个好觉，第二天醒来，你发现努力白费了，你的机会已经溜走，美好的未来与你无关，你只是一个贪恋安稳生活的平凡的人。

「 自己不经营，舒适区只会越来越小 」

舒适惯了的人，行动力会变得非常差，他们希望尽量减少自己身上的负担，尽量延长休息时间，尽量少地承担责任。于是，他们的生活不可避免地出现以下三步骤，绝无例外。

等

等待成了生活的常态，一件需要立刻去做的事，他们不紧不慢，想要等一等。为什么要等？他们等着有没有别人去做，或者等自己有了做的心情再做。一件事需要动脑思考，他们也要等，等着别人想到好办法后再说。实在需要自己想，也要先打开网络搜索一下，总之，能不用脑就不用脑。他们本来有很舒适的生活，但这生活正在他们的懒惰中落空。他们看上去那样悠闲，那样无所事事，谁能知道他们只是在等，等待不劳而获。

靠

依赖成了他们的救命稻草。在生活上，他们依赖自己的父母和伴侣；

在工作上，他们依赖上司和同事；在其他方面，他们靠朋友。他们已经很久没有自己拿过主意，已经很久没有主动做过什么，他们等待着命令，等待着帮助，把自己的付出减少到最小，而对别人的期望却在成倍增加。可是，不会有太多人愿意长久地被他们靠着，他们开始失望，开始觉得别人靠不住，但他们依靠惯了，还是会厚着脸皮恳求别人，完全忘记了自己明明不比任何人差。

落空

在舒适区舒适了很久，他们终于发现世界变了，那些舒服的日子突然遥远了，他们不再令人羡慕，反而让人不愿搭理。他们跟不上时代和潮流，他们掌握的都是老旧的知识，他们的应变能力一直降低，他们甚至不再自信，害怕面对风险。于是他们只能继续窝回去，这一次，舒适区不再让他们有安全感，曾经的避风港成了一个漏雨的小茅屋，在那冰冷的滴水声中，他们发现人生中的一切都在落空。

一等二靠三落空，不论是谁，只要耽于舒适，丧失进取之心，一定会面对这样的结果。等待和依赖本来就靠不住，只有个人的奋斗才是实实在在的。如果还有人要为自己的舒适区找个辩护理由，不妨看看下面的故事。

一个乞丐走在街头，他只有一只手臂，他年纪不大，只有 15 岁，他正看着铅色的云层发愁。看来要下雪了，他身上穿了一件好心人送给他的旧羽绒服，倒还暖和。他的问题是肚子太饿，已经一天没吃饭，街上的人着急回家，谁也不愿停下来给他几个硬币。

他疲惫地走到一所房子前，那房子看着很大，他想也许他能得到一碗饭。他按下门铃，一个老妇人隔着铁门打量他。他不用费口舌说明来意，脏脏的头发和不精神的样子，已经说明了他的身份。他特意晃晃身体，让老妇人注意到他那条空荡荡的袖口，想要激发她的恻隐之心。

老妇人不为所动，她说："我这里没有多余的饭，但是，如果你帮我把堆在后院的那些煤块搬进屋里，我会给你一美元，还会给你一篮面包。"

乞丐愤怒了，他说："你在嘲笑我吗？我这个样子怎么搬煤？难道你没看到我只有一只手吗？"

老妇人说："一只手为什么不能搬？就连我这个老太太，也可以用一只手拿起煤块，你可是个身强力壮的年轻人！"说着，她带他进了后院，用一只手拿起一块沉重的蜂窝煤，提进屋子。乞丐想了想，终于开始干活。他肚子饿，又只有一只手，搬这些煤块累得他气喘吁吁，但他终于拿到了一美元和那篮面包。这让他在三天之内免去挨饿且有了住处。

这件事给了乞丐很大的启示，他开始找工作，打零工，自食其力。一开始没有人雇用他，好在一些善良的小店老板照顾他，给了他一些工作。这个故事的结果并不是乞丐成了大老板，但他脱离了乞丐生涯，经过十几年努力，自己也开了一间食品店，有了家庭。他也没有亲自上门对那位老妇人诉说自己的感谢，只是在老人来店里买东西时，多送一些蔬菜和水果。他知道这间小店，就是对老人的教诲的最好感谢。

一位乞丐也会有他自己的舒适区，只要他不停走动，不停开口，他就可以不劳而获，有吃有住。在他们看来，这样的生活又自在又省心。他们等待着他人的施舍，依靠着他人的同情，人生目标就是吃一顿饱饭。故事里的这个乞丐倘若不遇到那位严格的老妇人，也许早早结束了生命，死在疾病和困顿之中。

不论生活有怎样的困境，不论舒适区外有怎样的危险，人能够依靠的只有自己，而不是别人。自己不动手，而等待别人的帮助，就是放弃了自主地位，完全沦为他人的附庸，很快就会和乞丐没有本质区别。自己不经营，舒适区只会越来越小，等到它连遮风挡雨都做不到，你再勤快就晚了。

不如从一开始就抛弃掉依赖想法，生活可以舒适，但不能耽于舒适，只有不断挑战，不断突破自我，才能扩大舒适。当你发现自己能做的事越来越多，成就越来越大，你会发现过去的那个舒适区又狭窄又黯淡，再也无法吸引你。能够把握自己的生活，能够更大范围地使用自己的时间，才是最大的舒适。

「 与自律相悖的舒适是有害的 」

　　法国姑娘南希正在房间穿衣打扮，她穿了一件正统的职业套装，头发烫得刚好，脸上化着淡妆，她把自己最喜欢的香水喷在耳后，闻着那香味，感觉一身惬意。她的妈妈不解地问："亲爱的，电话马上就要打来了，莫非你还要出门！"

　　"不出门，我在准备面试！"南希回答。

　　她的妈妈一脸不解。南希今年刚刚硕士毕业，向一家跨国公司投了简历，对方对她很感兴趣，在邮件沟通后，安排在今日进行电话会谈，由位于华盛顿的公司总部打来电话。如果这次试谈顺利，南希就能得到去美国面试的机会。

　　"今天只是和负责人打电话，对方又看不到你，你怎么穿得这么正式？"

　　"妈妈，难道我要穿着睡衣，拖着拖鞋，窝在沙发里一边转电视遥控器一边进行重要的面试吗？那怎么行！那会让我整个人都不够慎重，考虑问题时一定会出现漏洞。只有穿着正式，我才有面试的感觉！"南希回答。

"对自己要求严格，不错。"

"当然！何况，给我打电话的人现在穿着西装坐在办公室，他详细地看过我的档案，我怎么能不尊重他呢？所以我必须和他一样庄重地面对这次会谈！"

"好吧好吧，我把客厅留给你，这样是不是更有面试的气氛？你一个人等电话吧！"

"谢谢妈妈！"

一个钟头后，南希敲开母亲的房门，露出灿烂的笑容。她和负责人沟通得很顺利，她认为自己大有希望。果然，南希顺利去了华盛顿总部，经过三轮考试，成了那家跨国公司新一届的员工。

自律，是一种正思维

这种思维包括了自尊、自信、自我约束和自我激励，它能让一个人及时反思自己，发现错误，尽量避免不当举动，使生活在稳定的轨道上不断向前，并得到他人的欣赏与尊重。这种正面思维当然会给个人带来一些不便，需要常常与自己的欲望做斗争，忍下享乐的心态，让自己严肃而不是放松。但正是这种自律，让人信赖，也督促了自己前进。

舒适，是一种逆习惯

追求舒适是人的天性，偏偏生活中有那么多不舒适却合理的事。例如，上班穿西服是多么拘谨，多么不方便活动的一件事，特别是夏天，经常会热得大汗淋漓。尽管如此，谁也不会穿着睡衣去上班。相对于正常生活中的规矩，舒适成了一种逆习惯，人们总是想把这些习惯带进生活中的一切场合，结果造成了懒散、拖延、马虎、不负责。

逆习惯与正思维刚好相反，简直是一对冤家，它们之间的缓冲区，就是我们所说的舒适区。人们尽量保持正思维，却在这区间内挖出一块地方安放让自己舒服的逆习惯。二者不断斗争，舒适区想要尽量扩大，正思维想要将它彻底赶走，可惜这场战争的仲裁者是我们自己，我们总是想让自己更舒服，于是，正思维总是在摇摆，而逆习惯稳如泰山。

逆习惯需要警惕。没有人能做到十全十美，我们少不了有这样那样的坏习惯，一旦这习惯和正思维刚好相逆，它就很可能成为你的致命要害。

我们总是想着让自己舒服一点，总是为自己争取懒惰的空间，总是为漫不经心找借口，总把责任当作大家的事而不是自己的事，这些习惯使我们丧失了目标，丧失了责任感，丧失了效率，还会进一步丧失他人的好感和信任。不用敌人来攻击，就已经是一个失败者。这种结局，难道我们不该避免吗？

「 提升危机感，远离享乐思维 」

　　小赵的父母一直劝她考个公务员，找个稳定的工作，她却自顾自地寻找实习单位，准备当个销售员。父母和她一次次谈话，每次都不欢而散。父母说她不听话，不安分，没社会经验就知道瞎忙；小赵觉得父母的观念太陈旧，他们简直还活在几十年前。

　　小赵和刚刚进入职场的同龄人一样，个性十足，头脑清楚，有很强的实干精神。父母认为人生以稳定为上，她不是不懂。人生当然需要稳定，劳保医保不能少，养老费也要存够，还要有存款应付意外，这些东西，一个稳定的工作能够给她，但能持续多久？一辈子？她相信只有人的能力是一辈子的事，其余都不可靠。

　　就拿她父母来说，一个公务员一个教师，算是最稳定的工作。他们家的生活也还算不错，但存款已经缩水。她劝父母买些基金，父母连连摆手，告诉她基金都是骗人的，还把网上的新闻拿给她看。他们总认为自己的生活很安全，结果，年前家里换了套房子，存款被掏走一大半。物价也让两个拿死工资的人经常唠叨。饶是这样，他们还是认为小赵应该像他们一样稳定过日子。

代沟让小赵感到很无奈，她认为就是这种一定要稳定的思想，耽误了父母的发展。当年，父亲的同事邀请他辞职创业，父亲害怕有风险没去，如今那同事已经是个老板，开了三个厂子；母亲也曾被一所私立学校邀请，她也因为害怕有风险而放弃，如今那个私立学校开了分校，名声越来越响，小赵保守估计，如果母亲当年去了，现在至少能在那边当个副校长。白白放弃这么好的机会，她都不知道父母当初究竟在想什么。

小赵是个孝顺的女儿，工作确定后，她找父母恳谈了一番，说到现在的经济形势，说到家里的条件，还说起她未来的打算。她说父母太没有危机感，她不能这么做。倘若她只拿一份死工资，今后父母有什么事，她也许连帮忙的能力都没有。女儿大了，说的话也不是没道理，父母最终默默点头，两代人达成了和解。

一个人之所以敢于舒适，耽于舒适，最大的原因是缺乏危机感。环境没有给人施加压力，就不思进取，不想改变，不知不觉成了一个依靠环境的被动者。一旦环境发生动荡，舒适区首先坍塌，安于现状的人是第一批受害者，倒霉的是，他们早就丧失了适应能力，注定要比那些一直在适应的人活得更辛苦。

每个人都有极强的适应能力，从生理到心理。倘若穿越到原始社会，谁也不会甘心坐以待毙，没几天就学会了生火、打猎、缝衣服、盖房子。想要保持这种能力，就要时不时给自己一点危机感，督促自己远离享乐思维，争取进步。那么，如何提高危机感呢？

想想自己曾经失去什么

每个人都曾有过"失去"的体验，那真是一种痛苦的体验，原本属于自己的东西突然就成了别人的，好好的机会就在眼前溜过，因为粗心没有拿到更好的成绩，因为迟到没有赶上一次重要面试，因为年少无知没能好好珍惜最爱的人……回想这种感觉，你是不是很痛心？令你更痛心的现实是，如果你继续安于舒适，你可能会失去更多的东西，包括现在的生活。

看看优秀的人

有些人的舒适来自对自身成就的满足，他们认为自己尽到了努力，达到了目标，对人生已经满意，只想安于现状；有些安于现状的人甚至没有努力过，完全接受了自己的身份。这个时候，应该看看身边那些优秀的人，他们取得了怎样的成就，过着怎样的生活。

这并不是在鼓励攀比，适当的比较是必要的，甚至是必需的。比较，让你对同龄人的生活和自己的未来有一个具体的概念，让你知道自己差了什么，才会发现舒适的生活其实有很多不足，才会促使你继续奋斗。

多多了解社会

你是那个经常关注国计民生，会和朋友们谈谈时事的人？还是两耳不闻窗外事，一心只过自己的小日子？建议你多多关心一下我们的社会，你才会知道自己的安乐窝并不安乐。社会处在转型期，会有各种情况发生，几年前吃香的职业，如今已经无人问津，如果你什么都不知道，你早晚会成为社会的弃儿。

关心社会可以让你了解更多知识，得到更多机会。例如，关心政策的人，利用新政策来改善自己的买卖；关心物价的人，总能节省生活成本。了解的过程也是思考的过程，你的思想深度也会不断加深，这又会给你的事业以正面的影响。一句话，千万不要窝在屋子里。

预测个人未来

很多人不知道自己的未来会怎样，不如来预测一下。打破你安乐的想法，来一些负面想象，倘若你遭遇了失业，你能够马上找到下一个工作吗？你的能力够吗？你的想法有很多人欣赏吗？你有强大的人脉关系吗？你的存款足够使你找到满意的工作吗？如果这些答案不太理想，你还有什么理由享受安乐？

这并不是教导你消沉，最大的危机是没有危机感，失去忧患意识，一个国家尚且祸乱四起，何况一个平凡的人？常常想想自己的未来，你就会自觉加快步调，多做一些、多学一些。当然，也没必要自己吓唬自己，要知道，努力的人在哪里都有出路，即使发生什么危机，努力的你也会是最快适应、最快崛起的那一个。

「 对陋习发起自我革命 」

　　想要发起一场自我革命，远离舒适，直面人生，打造坚韧性格，磨炼顽强意志，进而拥抱更加美好的生活，不但要时时有危机感，最重要的是改变身上的一切陋习。这些陋习可能是性格上的，可能是生活上的，也可能是修养上的。大到生活没目标或者有目标没自信，小到早上不吃饭或是吃饭不洗手。总之，我们对陋习应有明确的认识，然后将其一举击破！

　　让我们看看凯瑟琳小姐是如何发起她的自我革命的。

　　凯瑟琳小姐23岁，是一家房地产公司的文员，每天做着琐碎的工作。她有一头好看的棕色长发，却因为缺乏打理而显得干枯没色泽。她整个人也和她的头发一样，始终不太有精神。每一天，她带着不自信的神情，默默做着自己的工作，一下班就钻回家，在网上看本季度的热门剧集，打发自己的时间。

　　凯瑟琳小姐的上司博恩女士最近准备跳槽，去一家高级化妆品公司当经理。凯瑟琳十分羡慕，她一直很喜欢那些五颜六色的化妆品，但她自己只会化淡妆，穿保守套装，毫不起眼。她也希望和博恩女士一样，有机会跳槽到那家大公司，但她知道这只是梦想。

博恩女士在新公司如鱼得水，凯瑟琳一直关注她的动向。为了更好地推广公司的产品，博恩女士不定期举办美妆讲座，靠她的名气吸引学员。讲座不但教授基础护肤和彩妆要领，还教授年轻姑娘如何成为一个优秀的美妆推销员。一天，凯瑟琳在博恩女士的网站上看到了本周六开课的消息，她决定去听一听。

那一天，她破天荒地去美容院做了头发，并且试了时尚妆容。为了更好地听清博恩女士的声音，她破天荒地坐到了第一排，以往这种场合，她总是选择靠后的位置。她注意到，在授课过程中，博恩女士看了她好几次，她不好意思地低下了头。

更没想到，下课后博恩女士主动跟她说话："凯瑟琳，你真让我惊讶，你会打扮了，而且，你竟然主动坐到了第一排！这很好，你一定要保持下去，不论什么时候都要坐第一排！现在的你非常棒！"

凯瑟琳非常激动，回到家还红着脸，她不知道是否成功人士都这么会鼓励人，但她的确被博恩女士鼓励了。她开始打理自己的头发，积极地面对工作，开会的时候坐在第一排，就算因上级的提问而脸红，也坚持坐下去。每当她一头润泽的长发在第一排位置上闪耀，不论上司还是同事都会多看她几眼，她感觉自己越来越自信了。

一年后，凯瑟琳主动联系博恩女士，希望能再一次成为她的部下。

博恩女士说："我就知道会有这么一天！来吧，凯瑟琳，我已经在这个公司准备了你的位置，你现在就可以辞职来我这里！"

陋习是长年累月产生的，因为难以革除，才需要强大的决心和坚持的毅力。打破自我局限真不是一件容易的事，让一个羞涩的女孩子坐在众目睽睽的第一排，多么不容易！然而做到的那一刻，她的心灵也得到了飞跃，这种飞跃是如此简单，它直白地告诉你："瞧，这件事没什么，你完全可以做到！"

都说江山易改本性难移，人的性格是天生的，的确很难改，但生活中的陋习和性格上的缺点，却可以根除和改造。例如生活习惯，养成一个新的习惯需要 21 天，你需要的是自我监督和坚持，21 天就可以得到一个好习惯，这不是太划算了吗？那些不容易被发现的肢体小动作，则需要有人来督促，也需要更多时间，但依然是相对简单的。

懒惰、拖延、粗心这一类陋习，可以归为行为习惯。想要改变这些习惯，需要明确的认识和有效的计划，还有有力的鞭策。必须高度集中精神，警惕它们突然来袭，一刻不能放松。懒惰的人应该尽量活动，手头总要有事做；拖延的人必须强迫自己提前完成任务，体会提前完工的舒爽；粗心的人要一遍遍检查，体会一次通过的快乐。反复执行，多次重复，让新的习惯支配自己，经过长时间努力，你的行为会焕然一新。

最难的当然是性格上的突破，当被动的人需要主动，内向的人需要交际，谨慎的人需要大胆，优柔寡断的人需要当机立断，不夸张地说，这几乎要了他们的命。但不改变就没有发展，硬着头皮也要做该做的事，做得多了，习惯养成了，他们就会说："这没什么，挺简单的。"完全忘记了当初的惊慌失措。

很多事经多次尝试之后就会变成"没什么"。牢记这一点，你可以改变任何陋习，甚至改变自己的某些性格，让自己的生活实现良性发展。不要为自己的落后找借口，你唯一该做的事就是改变。倘若你始终缩在自己的壳子里，获得相对的舒适安全，你就永远不会知道外面的世界究竟有多么精彩，自我革命后的生活究竟有多少机遇，那个平凡的你将会获得多少赞美的目光。难道这些美好前景，不值得你走出来试一试吗？

「 主动行动为你赢得更多 」

长期窝在自我舒适区中打盹的人，不会太主动。

主动意味着承担。例如想主动和人谈话，就要找话题、研究对方的性格和兴趣、考虑对方的心情、承担不冷场的责任，甚至要面对可能的拒绝。相反，被动的人只需要让别人找话题，高兴了应和两句，不高兴了客气两句，舒舒服服地当一个人际关系的享受者，何乐不为？为什么一定要主动去说话呢？

推而广之，很多情况下，主动就意味着你要做更多事。工作时主动是给自己揽活，集体活动时主动就要负责组织，在生活中也是如此。那些沉溺于自我舒服的人，怎么会做这么"笨"的事。所以，他们只当接收者、附和者、追随者。不过，不论有什么结果，他们必须同样承担，那结果未必是好的。

为什么还要提倡主动？因为主动代表着你可以控制局面，你可以把

握方向，你可以决定一件事的过程，你可以及时退出。而被动的人一直
在被他人推着走，的确，他们享受了一些照顾、一些便利，但随之而来
的就是主动权的丧失，他们按照他人的想法经营一段关系，完成一个项
目，就算想要提一点自己的意见，主动权却在别人手里，他们随时可能
被抛弃！

主动最大的作用，就是可以给你带来更多更好的机会。主动出击的
人总能有所斩获，被动的人只能等别人来找他，可是世界上又有几个诸
葛亮，值得别人三顾茅庐？普通人抱着"是金子一定会发光"的思想，
等啊等啊等，等到老也只是个普通人。

阻碍主动的是什么？是长期以来形成的性格习惯，以致你已经察觉
不到有什么地方需要主动。工作有人安排，有固定的朋友圈，有正常的
生活，按部就班就很舒服，要主动做什么？何况这种生活并不轻松，又
忙又累，难道要主动给自己找更多的麻烦？

当然要找！工作有人安排，加薪需要你主动；旧朋友已经固定，新
朋友需要你主动；生活平淡如水，想丰富起来需要你主动。一句话，为
了你的生命更有质量，你不主动，谁还会逼着你主动？如果你还觉得自
己太累，太忙，只想懒着拖着舒服着，建议你仔细看看加拿大老太太麦
卡利恩的故事。

麦卡利恩神态坚毅，精力充沛，思维敏捷，是个行动派。她年轻时是个冰球运动员，曾参加过不少国内和国际比赛。后来，她选择从政。她于 1978 年担任加拿大密西沙加市市长。这一干，就是 30 多年。

你一定认为她已经退休了吧？没有。到她的事迹被记者们大肆报道时，她还没有退休的迹象，她依然保持着大刀阔斧的工作风格，承担繁重的工作，并且得到市民们的支持。市民们都喜欢这位市长，因为她不懈的努力，密西沙加成了加拿大"最安全的城市"和"最适宜居住的城市"，他们每一次都愿意把选票投给老市长，尽管，她已经到了 89 岁高龄。

89 岁又怎么样？除了外貌，麦卡利恩根本没有衰老的迹象。每天，她自己开车去市政府，亲自写各种演讲稿，不断去社区参与活动，与市民进行面对面的交流。工作结束，她自己到菜市场买菜，回家做饭。她不需要司机，不需要秘书，不需要佣人，一切都自己来，她有这个能力。

有人问她什么时候退休，她说，她觉得自己还很年轻，能一直干下去。"等到有一天密西沙加的老百姓不选我了，我再退休也不迟。"可是，哪个市民会不选她呢？尽管她已经老了，人们依然看到她精力充沛地奔波在各个社区，了解市民反映的情况，并做出有效的决策。人们切身地感受到密西沙加在她的管理下，一步步地走向稳定、和谐。

更何况，人们衷心佩服这位老太太，高龄的她健康、高效，成了许多市民的榜样，让人们看到了生命的坚韧和奋斗的美好，让人们相信一切都不晚。当老市长出现在庆祝活动现场，向人们挥手时，人群里爆发了热烈的掌声，人们祝福老市长，那声音是一曲生命的礼赞。

看看，89岁的老太太尚且如此努力，如此主动，如此热爱生活，你还有借口偷懒吗？赶快行动起来，现在就去缔造你的美好生活吧！

「 积极改道，适应新共生思维 」

奥莉芙是林晓的网名，她现在已经是网络上知名的彩妆达人。起初，她在某网络平台上参加化妆小组，与人分享自己的妆容，交流护肤经验。她的图片虽然不是十分精美，却因为真实得到了很多人的喜爱，粉丝们还喜欢奥莉芙真诚的态度。火了之后，她转战另一网络平台，收获了更多粉丝，并开了一家网店。

奥莉芙的工作其实和彩妆毫无关系，她只是一个内向而爱美的女孩子。她在网上发布图片只是为了交流，没想到会有这么大的收获。她不善言辞，也不懂经营，工作也并不稳定，网上的点击量让她看到了未来的希望，她也希望和很多网红一样，在网店经营中站稳脚跟，打造自己的事业。

对奥莉芙来说，这太难了。她特别不擅长和人打交道，之前做的也是不用和太多人打交道的文字工作。现在，要让她去搞批发，搞宣传，雇模特，请摄影师，落实网店的每一个环节，她压力倍增，开始大把大把掉头发。但她知道不迈出这一步，她不可能做好这个网店。

她首先做的是提高自己的图片质量，她请一位早年的网友做模特，又恳求一个技术过硬、脾气超级坏的摄影师帮她拍照片。磨合过程令她痛苦，但成片效果让所有人惊艳。她又学着和经销商们谈判，拿代理权，中间还被人骗过几次，吃了很多亏。好在她一一挺了过来，当网店从一开始的亏损到开始盈利，她认为一切都值得。

她也因此交了很多朋友。以前，她认为朋友应该摒除利益关系，现在，她发现合作者也可以成为朋友，有了共同目标，他们能够更好地取长补短。渐渐地，她建立了合作思维，邀请多个美妆达人和她一起建立大型美妆海淘网站，扩大了自己的知名度和客户群，带来了新的商机。她走在成功的道路上，每一步都那么坚实，让人看到了她的成长和蜕变。

未来想要做什么？奥莉芙想要建立自己的品牌，她已经联系了一位日本朋友，找了一家小型日本工厂，准备用最新鲜的日本原料，打造真正高质量的护肤品。她还到处寻找销售人才和广告人才，她知道在这个时代，仅仅有口碑是不够的，只有将广告打出去，产品才有销量。奥莉芙对自己的未来充满信心。

很多人认为，走单行道最舒服。理由一大堆：安全，风险小，方向明确，自由，不用考虑别人，不用担心意外。缺点只有一个，这条路太窄了，而且越走越窄。但依然有人孜孜不倦地走着单行道，这条道路，也是他们的自我舒适区，他们愿意选择一条小道，自己走走，舒服就行。

这条道没法开车，于是他们只能慢吞吞地走，最多骑一辆自行车；这条道没法体会速度带来的快感，他们说自己喜欢闲适；这条道景色太少，他们说人要知足；这条道没有形形色色的车马行人，他们说要的就是这清净；这条道人太少出了事没人管，他们说选择都有风险……人们会为维持现状找各种各样的借口，令人啼笑皆非。

倘若故事里的奥莉芙只满足于她与人交流的小愿望，她肯定不能成为一个成功的老板，她认识到单行道太慢太窄太旧，果断地选择大道，选择高速，这才实现了人生的目标。而那些只在幻想中飞跃的人，没有这种胆色，他们害怕单行道外的风险。

在古代社会，普通人当然可以做个农民，自己种地、自己养蚕、自己织布，过着对外封闭完全自给自足的生活；在现代社会，你当然也可以选择封闭，只要你对生活的质量要求不高。不过，谁会满足于只是温饱的生活？所以必须适应现代社会的种种关系，培养共生思维。

共生是现代社会人与人关系的主题，双赢是人们的追求，互相借用关系把事情做得更好是每个人的共识，认识更多的人就可能有更多的机会，一切都要求人们从单行道走出来，走上人来人往的十字路，感受一下他人的忙碌和风采。你必须学着和更多的人相处，并从这相处中得到知识，得到经验，得到机会。

与他人相处，你才能与他人对比，发现自己生活中的不足。那个你以为安全舒适的小窝，原来并不稳定，原来还需要加固，你才会主动改变自己，为自己争取更好的条件。

与他人相处，你才能真正了解世界。世界是多样的，每个人都对它有不同的看法，了解了别人的立场，你会更懂得尊重；了解了别人的见解，你会多一个看问题的角度；了解了别人的生活，你会更加上进并感恩。世界这么大，你需要了解的东西太多了。

与他人相处，你才能得到更多机会。不论是事业上的、生活上的，还是感情上的，哪怕别人给你介绍一个新的爱好，都可能让你的生活更有活力。

与他人相处，会让你真正成熟。相处需要技巧，需要智慧，你将在不同人的性格中寻找妥善的相处方法，你会伤心，也会失败，甚至会厌倦，但这一切都是成熟的代价……

最终的目的当然是个人的成就，当你学到了更多，懂得了更多，并得到了更多朋友，你的事业也在慢慢起步，你会发现自己不但有目标，还有自信，更有帮手。你会承认没有人能靠单打独斗建立自己的事业，你会后悔曾经独自一人在单行道上浪费的时间。如果不想继续浪费，现在就拆掉你的单行道，走出去和别人聊聊吧。

PART – ❻

世界是你的，按自己的意愿过一生

多少人唉声叹气地过着将就的生活？将就着就业，将就着结婚，将就着变老，把将就当作智慧，享受着臆想中的平安快乐。

然而，给我们带来快乐的是喜欢，不是将就。

世界是你的，生命只有一次，为何不按自己的意愿过一生？

「 不怕现在一无所有，只怕你一辈子将就 」

每个人都想拥有好的人生，硬标准是工作、财富和积极心态，软标准很多：三五好友、日常情趣、生活品位、阅历见闻、个人爱好，等等。可在现实生活中，很少有人满意自己的生活，即使那些看上去很成功的人，也总会在"你是否幸福"这个问题面前若有所失。人们总觉得生活有很多遗憾，失去了很多的东西，并不符合自己的想象，甚至认为自己的生活大部分都在"将就"。

因为不知道自己最喜欢什么，将就着选择还算舒服的；不知道目标在哪里，凑合着找一个工作先做着；不知道爱情的感觉，至少要有个过日子的伴侣。或者，知道自己最喜欢什么但觉得没能力得到，于是将就；知道自己想达到的目标却认为风险太大，于是凑合；知道爱情是什么但爱情的要求太多，干脆不再渴求。当人们放弃了追求，开始对现实妥协，他们的人生就只能将就，最好的、最喜欢的和最适合的，被他们自己放弃了。

王经理家里最近正在装修，公司里的人都在谈论这件事。

王经理年过50，是公司的骨干，大家的领导，为人不但有能力，还特别照顾下属，大家都喜欢他。就连刚进公司不到两个月的新人，没见过王经理两次，却也知道他的大名。大家发现，王经理家的装修真是大费周章，他自己确定家装风格，还跑到设计部来找小年轻们商量颜色的搭配，让这些小员工受宠若惊。

这一天，大家在食堂里看到王经理兴致勃勃地浏览淘宝。王经理说，他也是最近才学会的，为的是找到合适的地板和瓷砖。他在建材市场跑了好几回，都没看到最合适的，网络的选择更多，他要试试看。

"王经理，您这也太麻烦了！"有人说。

"装修怎么能怕麻烦呢！"王经理说，"做什么都不能怕麻烦，怕麻烦就做不好了。"

"王经理，您真讲究！"有人恭维。

"讲究一点才舒服嘛。"王经理回答。

王经理家的装修进行了大半年，公司的人看到他每天也不耽误工作，一到闲暇时间就去研究地板瓷砖，然后研究房屋格局，研究家具摆设，研究电器种类。他们越来越明白王经理为什么有那么好的精神状态，又有那么高的业务素质了，这个处处认真、处处不将就的人，怎么会不好？

终于有一天，王经理家的装修结束了，他在家里拍了几张照片，发到朋友圈给大家看。大家颇为意外地发现，房子的整体效果并没有他们想象的那般金碧辉煌，但仔细看，就会发现处处透着舒服和用心，连壁纸的花纹也显得与众不同。他们不约而同地对比自己家那俗气的摆设，突然觉得重新装修的时候到了，自己也该"讲究一下"；那些还没买房子的小年轻更是羡慕不已，纷纷说要努力工作，将来一定要住个"王经理那样的房子"。

讲究一些的人生，会给人带来心理上的成就感、满足感甚至优越感。那么为什么选择讲究的人那么少？在讲究和将就之间，究竟存在怎样的鸿沟？到底人们是不愿讲究，还是不能讲究？这二者之间还真有很大一段距离，我们来详细说说。

讲究和将就代表了能力上的不同。这是客观存在的残酷事实，有些人有能力讲究，有些人没有，只能暂时将就。可是，有些人的将就是暂时的，他们会靠自己的努力一步步达到讲究；有些人一辈子都将就，并认为自己只能过现在的生活。所以，想要讲究，必须提高自己的能力，否则只能将就。

讲究和将就是努力的差别。很多人有能力讲究，但他们不想讲究，为什么呢？"太麻烦了！将就一下吧！"对，怕麻烦，这就是他们将就的原因。换言之，他们太懒了。懒惰思维就是这样形成的，不肯多走一步，不肯多费一秒，不愿多思考，不愿多尝试，当懒惰进入他们的骨髓，他们凡事都要将就，讲究的能力也渐渐退化了。

讲究和将就是价值观的不同。有些人始终在追求更高的目标，所以越来越讲究，讲究几乎快成大人物们的专利了。而普通人总想将就，他们满足现状，认为自己的能力和自己的生活相匹配，宁愿不那么讲究，不那么累。安于现状的思维方式一旦形成，人们很快就会发现什么事都可以将就，只要接受，人们总能在自我安慰中找到一点舒适。

当一个人安于现状、没有改变愿望又总是怕麻烦时，他会不会有好的人生？答案显然是否定的，他会经常羡慕别人，经常对自己生活中的寻常小事产生不满，经常觉得自己的人生缺乏光彩。你想成为一个这样的人吗？不想的话，就赶快讲究起来。讲究更有发展的工作、更有效率的工作方法、更高的生活品质、更好的自我形象、更和谐的人际关系、更舒适的心境……你会发现，你的生活急需改造，只有在讲究中，你才能以最快的速度进步！

「 将就不是自卑者的岁月静好 」

最容易将就的人，是自卑的人。

在生活中，他们不敢争取，不敢与人争执，他们总是安慰自己："不要计较那么多。"越是不计较，他们的姿态就越低，处境就越差，得到的尊重也越少。他们感叹旁人利用了他们，看低了他们，甚至践踏了他们，却不知道他们把自己放得太低，甚至没有预设一条底线告知旁人不容侵犯。

自卑与懦弱相伴，在生活中，自卑的人或者不爱说话，或者只爱附和他人说话，他们很少有自己的见解，就连大家出去玩，他们也不敢提出自己的主张，只会顺着别人的意思。有人认为他们好说话，有人认为他们好欺负，他们自己并不喜欢这种状态，却也只能自我安慰，认为这样做维持了人际关系的和平，避免了分歧。

自卑扼杀自信。特别是在工作中，自卑的人总是觉得自己什么也做

不好，于是只想将就，只要应付了领导，任务质量达到及格，他们就会
满足。这种将就式工作和偷懒有本质区别，其实他们很想更好地完成工
作，甚至愿意付出努力，但在心理上，他们根本不相信自己能做得好，
于是一丁点挫折就能让他们退缩或放弃，所以，他们始终难以得到较好
的成绩。

　　木木一直有很重的心事，他不知该和谁商量，父母？朋友？或者心
理医生？想到自己必须开口剖析自己，他就抗拒类似的交流。最近，他
越来越紧张，认为必须找个人说说。

　　木木是准备考研的大四学生，他打算考本校的研究生，老师比较看
好他，而且，最近有一个很可爱的大三女孩对他告白。也就是说，他面
对的并不是什么危险的关键时刻，相反，他是个学业顺利、未来光明、
爱情丰收的幸运儿。

　　他的紧张来源于他的自卑。木木小时候有点结巴，每次小朋友们故
意学他说话时，他都感到无地自容。上了小学后，状况大为好转，除了
特别紧张的时候，他都能够正常与人交流。但自卑的感觉留了下来，他
始终容易紧张，认为自己不如别人，又特别在乎别人对他的看法，也控
制不好自己的情绪，让人觉得有点神经兮兮。

　　现在，他刚刚开始着手复习，却每天都睡不好，他害怕自己考不好，
就会失去女朋友的喜爱，辜负导师的信任，他三年多的努力也会白费。
越是这样想，他的进度就越慢，他甚至开始相信自己根本考不上研究生，

跟女朋友也不会有结果，也许他的一生只能当个最普通的员工，甚至以后都找不到工作……

看，这就是自卑者的日常状态，他们不但不相信自己，还不相信一切和自己有关的良好机会和美好事物。不相信，就不会努力争取，更不会尽力把握，因此他们错过各种机会，然后对自己的评价更低，更加没法培养自信。生活对他们来说是危险的、可怕的、无法把握的，他们不敢提出抗议，不敢进行改变，不敢打破现状，换言之，他们只敢将就。

不过，将就不是任何人的救命稻草，将就是个泥潭，会让人越陷越深。如果一个人常年不敢憧憬美好，只想维持现状，那么他们也只能深陷在泥潭中，过着毫无指望的生活。这种生活不是别人造成的，一切都因为他们有一颗懦弱的心。

自卑的人不敢正视自己的懦弱，一旦正视，他们就不得不面对一连串的后悔和过去的种种错误。但是，正是这种鸵鸟心态让他们迟迟不能改变。来者可追，正视才能改进，才能划清界限，才能打造一个新的自我。何况，哪个人没有失败过，哪个人没有后悔过？别人可以，你为什么不行？

如何才能告别懦弱？首先要明白一切都要靠自己争取。你在意别人的眼光，就去争取树立自己的形象，更加努力一点，做出成绩，别人就会把你当成成功者；你在乎事情的成败，就去争取成功，不断奋斗、改进，不要放弃，顽强的意志会帮你打破困境；你渴望他人的重视，就去争取他人的理解，坦诚地说出你的心里话，才能交到真正的朋友。告别懦弱，需要的是行动，需要的是不再忍让，不再后退，不再将就。

「 将就不是胆小者的稳定安逸 」

　　有一种人并不自卑，他们对自己的能力有充分的认识，有一定的素质，一定的阅历，一定的观察力，还有自己的目标。偏偏他们缺乏冲劲，也让自己过着将就的生活，让人十分惋惜。他们，就是胆小的人。当然，人们往往会夸他们"安分"。

　　人人都说小单是个安分的女孩子。安分到什么程度？学生时代，学校规定女生不能散着头发，她始终短发或扎马尾，即使在家里，也不会试试其他发型。父母老师说的规矩，她认真地遵守，即使有心"叛逆一回"，也怕被责备。她一直这么安分，就连高考志愿专业都是在亲戚的建议下，选了适合女孩子的中文。

　　大学毕业后，她成为一个平凡的文员，工资不高但很稳定。和小单一起进公司的小谭总琢磨着赚钱，她建议小单和她一起批发一些面膜、饰品和小工艺品，在外面摆摊子赚点零花钱——她摆摊一个月，赚的钱有工资的一半。

　　小单心动了，但想到在街上摆摊，又拉不下面子。而且，她怕自己没有小谭那么热情，也不会推销，她怀疑自己根本赚不到钱。她思前想后，最终还是不敢做。后来，小谭辞职开起了网店，赚了不少钱，小单却还是拿着她的死工资。

小单的父母对她从小就要求严格，处处管教她。小单工作后依然和父母住在一起，天天被管着的滋味不好受，看着同龄人都在享受下班后的生活，她却要按时回家，做什么都得跟父母汇报。朋友建议她搬出去自己住，培养一下独立能力，她想到自己未必做得好家务，更害怕失去父母的照顾，一拖再拖，现在仍然住在父母家，每天闷着头听父母的教导。

小单无法改变自己的生活，谁劝她都没用。

谁都知道将就带来一定程度的稳定，也会让自己郁闷，但有多少人能不去做安分的小单，成为一个不安分的冒险者？我们不妨分析一下究竟有哪些原因让人们变得胆小。当我们把顾虑一层层揭开，看到问题的内核，问题也就迎刃而解了。

担心风险。这是胆小者最大的顾虑。失败的感觉太糟糕，挫折让人想要回避，能躲开这些比可能的成功更重要。毕竟现状虽然不如意，但也没那么让人不能忍受。还有人认为每个人的人生都有很多不如意，然后把维持现状当作一件理所当然的事——胆小成了习惯，就不再认为自己胆小，这不是悲哀的事吗？

担心丧失。初生牛犊不怕虎，因为不担心失去什么，所以做事无所顾虑。但作为一个半成熟的社会人，我们担心失去的东西太多了，担心失去安稳的生活，担心失去相对平静的心态，担心失去现有的环境，担心失去此时的优势……胆小的人就是如此，说到改变，首先想到的就是"我会失去什么"。是时候改改思考方式了，这时候你应该想想"我将得到什么"！

担心别人的眼光。胆小的人特别在乎别人的眼光，害怕改变往日形象，更不敢做出让别人吃惊的事。如果硬要他们改变一下，他们会十分不安。在别人温柔的接纳和鼓励下，他们愿意迈出一步，可是，谁有空整日接纳你鼓励你？其实，别人甚至没空好好思考你究竟在做什么，他们的评价，通常是看上一眼做出的。你何必在乎别人这无关痛痒的一眼，和完全没有客观分析的一句话呢？

当你发现现状已经完全不能让你满意，每天都在忍耐的时候，改变的时机就到了。要么继续做个胆小鬼，躲在自我保护的壳子里，到老也是同一个样子；要么大胆一次，拼搏一回，重新定位自己，主动寻找自信和成功。当你不再将就，你会发现机会并不少，事情也没你想得那么困难，关键是你要迈出第一步。

「 将就就好，不过是弱者的自我安慰 」

　　杨先生曾试图把"将就"上升到生活哲学层面。他说："人生的欲望不能全部得到满足，学会将就才能知足常乐。"对那些不肯将就、屡屡碰壁的人，他同情地评价："有时候妥协也是一种艺术，世界上没有超人，学会与环境和平共处，才能双赢。"对那些标准过高的人，他说："有些人把将就当作退让，当作软弱，这是因为他们只看到自己的目的，而忘记了他人的状况，他们的标准更像吹毛求疵。"

　　这些似是而非的理论还真影响了他的一些朋友和学生，有人还把他的话当成签名放在社交软件上。人们苦闷了，委屈了，自卑了，失败了，就从这些话里找点心理上的平衡。只有白先生根本不吃这一套，甚至公开说："欲望得不到满足是因为目标没定对，妥协是因为能力不合格，高标准是为了让生活和自己一起进步，将就只是弱者的自我安慰！"

　　杨先生和白先生吵了起来，好不热闹，朋友们忙着做和事佬。私下里，他们问别人也问自己："更同意老杨？还是老白？"有人羡慕杨先生处事谨慎，生活顺利，心态好；有人更倾向于白先生的精英生活，以及越做越大的事业。可是，有几个人有白先生的能力？于是人们又一次赞同了杨先生，继续把他的话当作签名。白先生不客气地说："难怪你们只能将就！"

究竟是什么决定了一个人是否将就着生活？答案很明显，心理。说得详细一点，人对压力的承受能力，决定了他是否有更高目标，是否愿意改变现状，是否愿意承担更大的责任，是否能够面对更大的风险和更多的困难。有决心才敢付出，有付出才有收获，真正的成功者都是有决心的人，关键就是"心"。

生活中，压力无处不在。掏出钱包就能感受到物价的压力，拿起电话就能感觉到人际的压力，打开电脑就有工作的压力，星期天的傍晚感觉到下一周的压力，听到报时感觉到时间流逝的压力。生活太快了，没有人能不紧不慢，当别人快步行走时，你怎么能散步，或者停下来呢？只能唉声叹气地拖着脚步继续走。

走在前面的究竟是些什么样的人？他们当然不是长跑选手，但他们很愿意参加人生这场马拉松，并有获胜的意愿。他们或者想要试验一下自己的能力，为自己定下目标；或者要求自己必须跑完全程，磨炼毅力；或者直奔第一名这个桂冠。所以，他们主动地跑、飞快地跑、有计划地跑，他们一步不停，只为早日到达终点。于是，人们看到他们身上具备了以下特点：计划性、参与性、高效性、持续性。

其余的人呢？他们被迫参加一场长跑，比赛还没开始就觉得累，一想到需要用那么长的时间甚至都希望退赛，跑几步就想休息，恨不得道路全被封锁，所有人不再比赛。他们拖啊延啊，把休息当作目标，所以总是跑不快。一旦身体的疲倦袭来，就抱怨起来。可是，参赛的压力还在，只能继续慢吞吞地跑。于是，人们看到他们身上有以下特点：磨洋工、不开心、不认真、得过且过。

跑得慢的人时时感受到压力，看到跑在前面的人，压力就更大了。他们从未想过，倘若全神贯注地跑步，压力就会不知不觉被遗忘，心理的负担也会减轻，随之而来的是拼搏的激情。不论最后结果如何，都会感觉到超越自己的自豪。倘若不能体味这种自豪，一个人将无法想象动力究竟是什么。与其学着和压力"友好相处"，不如学着如何战胜它，与动力交个朋友！这样的生活，肯定不会将就。

「 世上最不能凑合的是爱情 」

在一切和将就有关的行为中，将就爱情最痛苦。

朴女士曾有一次刻骨铭心的恋爱，可惜她和男友性格始终不合，最终分手。分手后的几年，朴女士慢慢走出了失恋阴影，她一直单身，直到年近30，才在父母的催促下开始考虑婚姻。经朋友介绍，她与陆先生相识，两个人都认为对方很适合结婚。一年半后，他们走入了婚姻殿堂。

朴女士不习惯婚姻，她感到处处都是束缚，总觉得不自在。朋友们安慰她："习惯了就好了，一开始都这样。"她自己也这样认为。她试图调整自己的心态，试着接受对方的生活习惯和爱好，试着与陆先生相互了解，做这些事的时候，她当作一种义务，根本没有多少动力，更不要说激情。

婚姻生活平淡如水，两个人渐渐开始感到厌倦，有时会各自去找朋友聚会，厨房的炊具落了一层灰，没有人愿意做一顿饭。渐渐地，两个人开始争吵，开始指责对方没有责任感，互相数落对方的不是，一点小事就能动气,谁也不愿和解。朴女士知道,他们的婚姻里缺少"爱情"这个基础和润滑剂,看上去相安无事,却很容易瓦解。

他们的婚姻还在进一步恶化,偏偏陆先生是个正在上升期的公务员,认为离婚会给事业带来伤害,他们只能拖着、挺着。他们想过生个孩子增加家庭的气氛,维系二人的关系,又不约而同地否定了这个添乱的想法。朴女士说:"后悔,一个人的时候最多寂寞,现在可好,两个人折磨着对方,又根本没勇气分开。"

他们谁也不知道,这段婚姻还有没有出路,他们会面对什么样的结果。

人们总是有理由选择一份将就的爱情。他们会说到压力,来自父母亲人的催促,来自社会的猜测,来自朋友们的劝告,到了该恋爱、结婚的年龄,单身似乎成了一种错误,一种怪异。为了对抗这种压力,很多人聪明地走进婚姻市场,选择一个"差不多"的人,只要不烦、能沟通,就相信能和对方过上一辈子。

他们会说到日久生情,说到在古老的社会,没有见过面的两个人,也能恩爱地过上一辈子。但他们忘记了古老的社会人们遵循着共同的情感守则,在急剧变化的时代,这种守则早就成了明日黄花。过去的人没有选择,现在的人有太多选择,所以他们不会努力地在一个将就的对象身上发现惊喜,而总是把目光投向外界。也就是说,从认定对方是个备选项开始，感情就已无处生根。

　　他们会说到孤独，一个人的生活终究是孤独的，想要找个人陪伴，想要有个人共同承担压力，还要想到没有孩子的晚年。于是，很多男女仅仅抱着"建立一个正常家庭"的想法走到一起。可是，没有真正的感情，就没有真正的理解和包容，矛盾产生就会扩大，将就的爱情，害了自己，也伤了别人，最后变成怨恨，让两个人痛苦。

　　将就的爱情味同嚼蜡，既没有甜蜜和喜悦，也没有大起大落的痛苦让人难忘，只有麻木琐碎的生活，也许还伴着不间断的争吵。这是因为不论维持感情还是经营婚姻，都需要大量的时间和精力，学会付出，学会迁就，学会让人开心，学会压下不满……每个人都会想："我有什么理由为一个不爱的人，做这么多的事？"所以，这样的爱情注定失败。

　　倒不如把这些心思用在工作上，得到的成就是自己的喜悦；把这些努力用到赚钱上，存款的增加就是养老的保证；把向往爱情的心思用来发现自己真正喜爱的人，相信总有属于自己的那一份缘分……记住，如果不能把精力放在真正喜欢的人身上，就把它们全都放在自己身上吧。只有这样，你才能维持活力和优秀，也许你的缘分，就在不远的地方等着你。

「 认真对待工作的人，才会被工作厚待 」

现代人最大的问题，就是脑子里只有工作，没有事业。

大多数人并不把工作当作事业，工作只是他们养家糊口的工具。那么事业在哪里？他们会说这个问题不务实，有多少人有事业？事业只属于成功者，不属于为了柴米油盐奔波的小市民。由此衍生的思维更加可怕，他们认为只有事业才需要努力，而工作只需要将就。所以，他们总是将就着工作。

秀秀也曾经是一个没有事业的姑娘。

秀秀初中毕业就没再上学，在亲戚开的一个小餐馆里干杂活，从记账到刷盘子、倒垃圾，每天忙得脚不沾地。她年纪不大，却也知道为自己的出路发愁。她的一个在高中教书的伯伯建议她不要再继续待在小餐馆，去大酒店应聘试试。

老实说，秀秀真有点不情愿。小餐馆虽忙，开餐馆的亲戚对她却非常照顾，工资也不吝啬，比起同龄的那些女服务员，她的工资真不算少。

不过，她还是听了伯伯的话，进了一个连锁饭店打工。她的工资一下子低了一半，父母都抱怨她，亲戚也说她傻。她想来想去，还是听伯伯的话——念书不多的人对读书人都有点听从，她也是。

她在连锁饭店下属的一个小饭店打工，刚开始真是不习惯。每天一大早起床，听领班讲课，练习微笑。所有女服务员的头发都必须盘得一丝不苟，就连笑容都有要求，必须露出八颗牙，服装不能出现油渍，走路也要挺胸抬头，不能失了仪态。一天下来，秀秀累得够呛。

但这只是基本要求，她还需要练习把调味罐擦得一尘不染，把每一张椅子摆得整整齐齐，甚至连声音都有要求——绝对不许大声说话，对客人要柔声细语，哪怕客人不讲理，也要把他们哄得开开心心。秀秀不禁怀念起她在小餐馆的日子，那时候她想穿什么就穿什么，想说什么就说什么，哪里有这么多规矩？

更让秀秀不解的是，这间分店地理位置偏僻客人少，为什么还要要求这么严格？领班却一丝不苟，不断提醒她们务必做到认真、保持微笑，有段时间，一听到大门有响声，秀秀就反射性地露出微笑，倘若她笑得不及时，就会被领班责骂。

偏僻的分店生意渐渐好了起来，有时候人们宁愿绕路，也要来这家饭店吃饭。这里有明亮的就餐环境，周到的服务，温柔的服务员，食物美味，餐具干净。价格嘛，稍微贵上一点，但客人们依然觉得值。秀秀拿的工资虽然不高，却也渐渐喜欢上了这里的气氛。更重要的是，这个刚过18岁的小姑娘学会了自我管理，这太重要了。

　　一转眼十年过去了，当年的小姑娘已经调到了总店工作，享受着高薪和良好的福利待遇，她也成了一个成熟的经理，不但能给小姑娘们讲意味深长的职业课，还能处理客人的刁难，以及饭店的各种业务。她会把自己的经历告诉给那些初入职场的新人，告诉他们服务的意义是什么——不只是为客人提供高质量的食品和良好的心情，更重要的是，每一个微笑，每一个贴心的举动，都是对个人形象的维护，对事业的经营。倘若不能认真对待每一个细节，人永远不会进步。

　　工作就是事业，事业就是工作。如果每一个现代人都有这种意识，人们的生活至少能再提高一个层次。可惜，太多的人只是简单地把工作和工资画个等号，他们也幻想能有自己的事业，那些蓝图非常迷人，只有极少数人实现过。换言之，他们不甘平庸，又没有做大事的能力，如此好高骛远，只能高不成低不就。

　　故事里的小姑娘早早地明白了自己的水平，她最初的梦想不过是当个服务员，有一份稳定的工资。她是幸运的，在那家连锁饭店的员工教育中，得到了事业的启迪，得到了规范的训练。一个有了目标又知道方法的人，完全可以通过自己的辛勤劳动，一步步经营起自己的事业。反之，她就只能是一个小服务员。

　　我们的目标在哪里？我们是否有方法？其实每一个拥有正规工作

的人，都可以像这位姑娘一样，以工作为事业，以做好工作为目标，公司有现成的管理，前辈们搭好了向上的梯子，你需要做的只是努力。倘若你想得到更多，就要比别人更努力。

千万不要将就事业，应付工作。总有人抱怨自己的工作没有技术含量，太琐碎，没有前途，世界上真的有完全没有前途的工作吗？一个小职员可以成为 CEO，一个销售员可以成为大老板，一个基层公务员可以成为市长省长，一个幼儿教师可以成为特级教师，一个实验员可以获得诺贝尔奖……如果一个职业完全没前途，不需要你来哀叹，它早就自行消失了。还存在的职业，一定有前途，你觉得没有，是因为你不够优秀，不肯努力，将就应付。

你应付的不是一份简单的工作，是你的事业，是你生活的重心。你每天最重要的、最长的、最宝贵的时间都耗在它身上，可是你却只想消磨完八小时，一会儿想摸个鱼，一会儿又偷个懒，你的工作效率不会高，别人对你的评价不会太好，你当然不会有前途。同样的工作，同样的时间，有些人先提高效率，用剩下的时间不断充电，不会就学，不懂就问，渐渐地，这些人成了你的领导，成了大公司挖角的对象，而你还在抱怨自己没前途。

可以说，当你以将就的态度对待你的事业时，你的生活已经在滑坡，你的收入无法大幅度提高，你的素质无法有根本性提升，你的前途无法远大，你的格局无法开阔，你未必是旁人眼中的失败者，但你总是伴随着高不成低不就的挫败感，这一切都是你自作自受。想要避免这种情况，现在就认真对待自己的事业吧。

「 去闯、去试、去体验，总会发现一个热爱 」

约翰从小就喜欢踢足球，他参加过学校的球队，曾在中学比赛上大出风头，他每天都会练习足球，父母认为他会成为一个足球运动员，他有自己的粉丝团和后援网站，就连他自己都幻想过有朝一日进入足球俱乐部，成为一名球星。

除了足球，约翰还喜欢学习数学，他的数学成绩一直名列前茅，他认为数学也是他的一大爱好，进入一所不错的大学学习数学、经济或者计算机，都是不错的出路。他也想过今后当一位研究员，或者一位教授。

约翰是个早熟的人，他早早就开始规划一生的事业，却发现不论数学还是足球，都不能满足他对未来职业的想象，他希望他的未来职业是自由的、能够接触大量人群的、需要不断学习的、收入稳定的、有不错社会地位的，最重要的是，他必须喜欢这个工作。

他开始寻找适合自己的职业，他当过销售员，办过网站，做过讲师，当过公寓管理员，他换了十几种工作，却没有遇到最理想的那一种。但他从不灰心。约翰认为在遇到最喜欢的职业之前，一定会遇到不那么合适的，他享受尝试的过程，并把它们当作经验来积累。

　　一个偶然的机会，约翰接触了心理学，他被心理医生这个职业迷住了。他认为自己终于找到了合适的职业，这个职业看上去和他之前的爱好毫无关系，却能够满足他对理想职业的想象，而且，帮助病人走出心理危机，让他得到空前的成就感。他认真地学习，考取资格证书，实习，开诊所，如今，他已经是一位有名的心理咨询师，他写的书也在国内热销。

　　每个人都想做自己喜欢的事，却很少有人愿意改变自己的生活，他们甚至来不及发现自己究竟喜欢什么，就糊里糊涂地将就着既定的生活。有些人会问自己："这是我想要的生活吗？"他们未必能得到答案，生活本来就不是一帆风顺的，谁也不能因为一时的不如意，就从根本上否定生活。但是，倘若他们问的是："这是我喜欢的生活吗？"他们会立刻看到自己的内心。

　　也有很多人明知自己不喜欢某种生活，却不知道如何离开，也不知道离开之后能做什么。其根本原因是他们还不知道自己喜欢什么。很多人会抽象地描述自己的喜好："轻松的""刺激的""能激发想象的"或者"充满挑战的"，但他们无法将这种喜好落实在一个具体的职业、一项具体的活动或一个具体的人身上。

　　为什么人会不知道自己的喜好？因为他们尝试得太少，在有限的活动内无法找到自己喜爱的东西，又因为懒惰、懈怠、失望、恐惧不再去尝试。人们有各种不去尝试的借口，不能打破现状的生活，没有时间，不想冒险，生存压力，父母期待……将就的理由总是那么多，而不将就的理由只有一个——我喜欢。

只有"喜欢"才能维持持久热烈的感情，才能让人变得专注，才能让人主动充实自己，才能让人期待未来。从事自己喜爱的职业，让人能够投入百分百的精力，进而取得成就。

事业是多数人生活的重心，价值的体现，所以，想要过不将就的生活，首先要搞定自己的事业。趁着年轻，你应该去闯、去试、去体验，找到你真正喜欢又能发挥你的特长，激发你的热情的工作，而不是早早定下自己一生的轨迹。有了合适的职业，你才能最大限度地发挥你的价值，取得成就，你的生活，也将因此变得积极而多彩。

「 限制人生的往往是我们自己 」

很多人都在抱怨自己的生活受到了限制，工作限制了自由，责任限制了梦想，日常生活限制了眼界的开拓，人际交往限制了感情，在他们眼中，只要不合意，一切都是限制。但他们又没有改变现状的勇气，只能将就，只能抱怨。其实，真正限制他们的，是故步自封的思想。

不是吗？那些抱怨工作限制自由的人，大多不能高效地完成工作，省下自由的时间；那些抱怨责任太重的人，有什么资格大谈梦想？他们连责任都搞不定；那些抱怨日常琐事太多的人，大多不能把生活安排得有条理，导致处处有漏洞，时时被牵制；那些抱怨人际交往太复杂的人，本身并不懂得经营感情，否则遇到那么多的人，怎么不见真情流露？所以，他们被限制，是因为限定了自己"做不到""没办法"，只好找些借口。

幸福人生需要的是成就，而不是将就。如果一个人感到不幸福，即使享受奢侈的生活，拥有巨大的名气，依然还是不幸福。突破现有生活需要巨大的勇气，人们难免担心突破现状后的处境——会不会更加不幸福？如果突破后得到更多的痛苦，为什么还要突破？这种担心促使人们将就下去。

也许我们该说一说幸福。幸福是什么？吃饱穿暖的物质生活？令人羡慕的光鲜状态？拥有名声和地位？外人眼中的"一切都好"？有些人拥有许多，但他们却未必幸福。很多看似安稳的人也体会不到幸福，相反，他们觉得乏味和沉重。可见，幸福是一种心理上的感觉，和外界的一切都无关。

这种感觉要求人们正视自己的内心，于是，有些人忍受着孤独，做着旁人不理解的研究，为每一个小小的发现雀跃；有些人不去追求世人追求的高薪职业，而进入自己喜欢的行业，每一天保持工作的激情；有些人不顾别人的眼光选择自己爱的人，享受二人世界里那些不为人知的甜蜜……他们当然也很辛苦，但在内心深处，他们不后悔也不空虚，并且总有一种充实的感觉，这就是幸福。

充实的人更容易拥有目标和成就。这不难理解，一个空虚的、将就的人因为对现状不满，也不愿确定目标，他的努力永远是机械的、缺乏方向的，不能向同一个地方使力，经常做无用功；而充实的人的目标非常明确，他们要进步、要更好的生活、要真正的成就，所以他们会要求自己自律、要求自己动脑、要求自己付出再付出，直到目标达成。

在将就和不将就之间、在充实和空虚之间,人们看到的永远是困难,而不是一条康庄大道。我们需要的是做出选择的勇气。改变,当然会带来风险,带来跌进谷底的恐惧,可能让平静的生活不复存在,让人面对巨大的压力。但是,改变后的自己的内心,将比任何时候都要充实,甚至拥有了背水一战的勇气。因为这一次,我们选择了喜欢的生活方式,我们走出了自己的路。

「 争取喜欢的一切，只为不留遗憾 」

有一段时间，"虚荣""爱名牌"这类的评价伴随着小俞。小俞是公司的新人，她家境一般，工资低，学历也一般，却很爱省钱买一双名牌鞋，或一个名牌包。公司里的老大姐们经常劝小俞务实一点，同龄的女孩子们每天穿着光鲜的时装，也劝小俞不要太迷信名牌，"你看我们用的，不比名牌差，却比名牌便宜了三分之二"。

但小俞依然我行我素。小俞喜欢这些产品传达的设计理念和生活理念，她愿意把普通女孩花在穿衣打扮和娱乐上的钱，全省下来贡献给喜欢的东西。

她的衣橱渐渐充实起来：一件合身而舒适的内衣让她感到轻松和优美；一双合脚又美观的高跟鞋让她走路很少劳累；一件低调又奢华的礼服让她能在社交场合不逊色；一件剪裁好布料也好的定制职业装让她能胜任几乎所有场合；一款大方又耐用的手提包省却了搭配的烦恼……她知道自己喜欢的不是名牌，而是这种简单却舒适的生活。

小俞没想到，这些名牌还有很多附加作用。因为她的穿着，在陌生的场合，人们往往高看她一等。特别是她的客户，因为她得体又价值不

努 力，
/ 是 你 最 美 的 姿 态 /

菲的着装，增加了对她的信任感。就连在公司，人们看她的眼光也渐渐变得不一样。这就是名牌的"附加值"，它们不但提升了一个人的形象，还带来了无形的尊重。小俞说，她越来越能体会这些东西的重要，不是虚荣，而是一种自信的立场，只有渴望更高价值的事物，才能有相应的努力，才能得到相应的成就……

不将就的人有一个显著的标志：他们会不顾他人的议论，一心争取喜欢的东西。

这些喜欢的东西是所有人都喜欢的，更体面的服装，更舒适的器物，更好的代步工具，更时尚的娱乐方式，更新潮的电脑或手机……不要以为想要某些东西就是虚荣，就是物质化，我们的生活哪里离得开物质？想得到更好的东西，只是人生进阶的一个外在标志。只要不被物质生活绑架，这些目标完全可以让我们的前进步伐更加直观，也让努力更加有成效。

当然，并不是所有喜欢的都能量化或物质化，有些人的喜欢比较抽象，比如喜欢轻松的心境，喜欢脱俗的歌曲，喜欢诗意的栖居，喜欢诗和远方……这些追求也并不是口号，也许外人觉得如坠云里雾里，但真正懂得生活的人，非常明白诗和远方究竟代表什么，他们只是不想直白地将那些说出来罢了。

争取喜欢的事物是一个令人兴奋、不安、痛苦又快乐的过程。比起按部就班地达到一个自己不在乎的目标，去争取高于现状的事物必然带来新鲜和刺激，而"喜欢"这个发酵剂，又给人带来勇气和激情。喜欢，让人一下子就跳出了日常生活的种种限制，人们幻想着成功那一刻的喜悦，这本身就是幸福。

喜欢和得到是两码事，而且是相去甚远的两码事。争取的过程，困难接踵而来，任何超越必然带来极大的困难。多数人败下阵来，突然发现比起那个喜欢的目标，自己还是更喜欢轻松一点，于是，他们和自己的目标永远无缘，今后只能用羡慕或假装不在意的口气提起来，甚至不敢再提。他们开始将就着生活。

继续争取的人遇到了更大的困难，甚至遭遇到失败的打击，他们也开始怀疑"喜欢"的价值。幸好，他们有一以贯之的信念，即使迷惑，也要先达到目的，亲眼看看那个胜利果实。于是他们继续前进，每一段路都有新鲜的收获，他们开始留意路边的风景，开始正视自己的内心，开始欣赏同路的那些顽强的人，可以说，他们的人生因为对一个事物的喜欢，变得更加开阔。这个时候，成败，已经没那么重要了。

不论是否能享受到最后的果实，争取喜欢的一切，都给人以难以形容的快乐享受。而那些能够一直坚持的人，大多能得到自己想要的结果，体会到真正的喜悦。漫长的努力好过漫长的将就，前者让你的每一天都是新的，一段时间后，你会明显发现自己的进步；后者让你的每一天都是重复的，不管过多久，你的日子都不会有任何变化。这种区别，难道不值得你大胆一次、改变一次、争取一次？

此外，还有一个无法避免的问题要事先提醒。你喜欢的东西，未必适合你，这个时候还要争取吗？当然要争取，争取了才知道真的不适合，争取了才能了解自己也可以行动，争取了才能提升自己的能力。最重要的是，争取才不会留下遗憾。我们想要不将就的人生，就是为了不留遗憾！